母爱的救赎

救赎

三个月

改变孩子一生（青春版）

李克富　徐少波　李德鲜——著

青岛出版社
QINGDAO PUBLISHING HOUSE

图书在版编目 (CIP) 数据

母爱的救赎：三个月改变孩子一生：青春版 / 李克富，徐少波，李德鲜著 . —
青岛：青岛出版社，2021.7

ISBN 978-7-5552-2103-6

Ⅰ . ①母…　Ⅱ . ①李…②徐…③李…　Ⅲ . ①青春期—青少年心理学　Ⅳ . ① B844.2

中国版本图书馆 CIP 数据核字 (2019) 第 003051 号

书　　　名	**母爱的救赎——三个月改变孩子一生（青春版）**
著　　　者	李克富　徐少波　李德鲜
出版发行	青岛出版社
社　　　址	青岛市海尔路 182 号（266061）
本社网址	http://www.qdpub.com
邮购电话	（0532）68068091
策划编辑	尹红侠
责任编辑	赵慧慧
装帧设计	祝玉华
照　　　排	光合时代
印　　　刷	青岛国彩印刷股份有限公司
出版日期	2021 年 7 月第 1 版　2021 年 7 月第 1 次印刷
开　　　本	16 开（710 mm × 1000 mm）
印　　　张	22.75
字　　　数	250 千
印　　　数	1–6000
书　　　号	ISBN 978-7-5552-2103-6
定　　　价	58.00 元

编校印装质量、盗版监督服务电话 4006532017　0532-68068050

序言一

母爱的迷失与救赎

文/李克富

作为心理咨询师，我始终在门诊上坚持"有效比正确更重要"的实用性原则。这十多年来，我的心理学理论修养远远滞后于我所采用的心理咨询技术。面对各种各样的求助者，自我感觉做得不错，却难以说出好在哪里，更苦于不能及时形成文字以期与同行交流。

亲子关系问题是我最经常面对的咨询类型，尤以涉及青春期少年的案例最多。我发现，在这类亲子关系问题的背后，普遍有着母爱的迷失。

咨询经验告诉我，处理好母亲与青春期子女的关系，不但在心理咨询技术上可以操作，而且这种操作技术是可复制的，具有推广价值。比如本书中所展示的"让母亲连续写三个月日记，咨询师每天予以点评"的方法，就已经被不少同行在咨询过程中灵活运用，也是众多深受亲子关系困扰的父母所广泛使用的有效方法。

几年前，我们写了《三个月改变孩子一生》一书，并将版权输出韩国。但我相信真正读过这本书的人并不多。因为写这本书的目的就不是让父母去"读",而是像书中那些父母一样去"做"——记录孩子的点点滴滴。

把孩子教育好,是不能通过读书来实现的。我虽然没做过调查,但是凭借多年的经验推断:那些没有把孩子教育好的父母所读的教育孩子的书籍,并不见得比那些把孩子教育好的父母读的书少。我始终坚信,那些把孩子教育好的父母,一定比那些没有把孩子教育好的父母"做"得好。

很多家长正是通过读书、听专家讲座或接受心理咨询等方式来寻找一种自我防御的武器。家长的这些做法不是为了帮助孩子,而是为了保护自己,比如给自己失败的家庭教育找一个合理化的解释。

于是,就出现了一种悖论:常常是没有把孩子教育好的父母,更"懂得"如何教育孩子。而把孩子教育好的父母,反倒说不出来该如何教育孩子。

今天,我们在完成本书时,更坚信了当时的信念:懂得,不见得做到;做到,也不见得懂得。

我曾被问多次,为什么韩国人会引进我们写的书。这个问题的标准答案在韩国人那里。但我觉得本书的特点在于没有任何说教,而是向读者直观地展示了一种行之有效的教育方式。

教育的核心是爱,而爱不仅是浪漫的口头表述,更是让对方看得见的行动。

比如,与其对老婆说十句"我爱你",不如替老婆刷碗;与其千万次地表达爱孩子,一切都为孩子好,不如静下心来记录孩子成长的点滴。

就像这位母亲一样。

如果问我借这本书想表达什么,我会说,想通过某种具体的行为方式让更多人体会"知止而后有定,定而后能静,静而后能安,安而后能虑,虑而后能得"所蕴含的深意。

要想有所"得",必须从"止"开始。

实践证明，变"用嘴说教"为"用眼观察"，变"用嘴唠叨"为"用手记录"……都是对既往无效行为方式的"止"。

我们的孩子不如人家的孩子，有果必有因。

"物有本末，事有终始。"或曰："不忘初心，方得始终。"

这位家长曾告诉我，她在自己的日记和与咨询师的互动中，发现了母爱，也找回了本末和初心。

下面，我就将在咨询过程中与这位母亲所做的交流整理成文字，作为本书的导言。

🍃 爱的动力与表现形式

树上没有两片相同的叶子，世界上也没有两个完全相同的人。从这个意义上讲，人是一种孤独的存在，可谓"遗世独存"。孤独会产生焦虑和恐惧，爱就是产生于克服这种恐惧和焦虑的需要。

心理学把爱作为人所独有的一种高级情感，而不是一种低级情绪。爱具有稳定性和持久性，这一点与"狗一阵、猫一阵"的情绪表现不同。就关系而言，爱是人际吸引的最高级形式——比爱低的是喜欢，比喜欢低的是亲和（合群）。

从可操作的角度，心理咨询师常按照成熟度将爱予以区分。不成熟的爱相当于亲和或喜欢的层次，在人际互动中会表现为支配对方的主动形式，以及屈从对方的被动形式。心理学认为，无论是支配还是屈从，都是一个人心智不成熟的表现，是内心软弱无力的外化行为，属于心理咨询关照的范畴。

成熟的爱基于人格的独立，它是一种积极、主动的能力，主要表现为给予，而不是索取。内心充盈着爱的人，在给予的过程中体验着自己的强大、富有、能干。爱能增强人的生命力并挖掘内在的潜力，快乐和幸福便由此而生。

除此之外，成熟的爱蕴含着四个要素：关心、责任、尊重和了解。

"爱是对所爱对象的生命和成长的积极关心。哪里缺少这种积极关心，哪里就根本没有爱。"顾名思义，"关心"就是把对方"关在心里"，时刻放在心头。对孩子的关心就是陪陪、亲亲、夸夸、抱抱。

责任不是职责。履行责任是一种发自内心的、自愿而主动的行为。只关心孩子的吃穿、学习、物质生活的父母，不过是在尽父母应该尽的职责。而对孩子负责任的父母，才会关注孩子的精神需求，并在良性互动中予以恰当的满足。

尊重是责任得以履行的前提，没有尊重作为前提的履行责任容易变成支配和占有。尊重是指顺应一个人自身的规律和意愿，并以此促进其成长和发展。一个人能否尊重别人，在很大程度上取决于是否自尊。自尊意味着独立。很明显只有我独立了，只有我无须拐杖，也无须支配和剥削任何人而立足、前进，尊重他人才是有可能的。尊重仅存于自由的基础之上……爱是自由之子，绝不是支配的产物。

没有了解便谈不上尊重。不了解一个人就不能好好尊重他，若没有了解作为向导，爱的责任便是盲目的。了解若无关心为动力，便是一句空话。

这就是关心、责任、尊重和了解之间的逻辑，没有先后和轻重。但从操作层面，表达成熟的爱可从了解起步。"了解有多种层次，不能仅停留在表面上，而要深入到本质。只有当我能够超越对自己的关心而按其本来面目发现另一个人时，这种了解才可能完成。"

在心理咨询的过程中，坚持让父母写三个月的日记，正是基于以上认识。父母通过增进对孩子的了解，而体现出对孩子的尊重和关心。

被爱是爱的必要条件

在出生后相当长的一段时间内，一个孩子会把自己和母亲混为一体，也就是说，他以为母亲就是自己，或者母亲不过是自己身体的一个组成部分，完全受自己支配，支配母亲就像支配自己的手和脚一样。把自己和母亲以及外部世界分开，是一个孩子在心理成长过程中所迈出的重要一步，完成这一步，意味着自我开始建立起来——"我"诞生了。

于是，这个孩子发现：我笑，母亲也笑，给我以回应；我哭，母亲就抱我，给我以抚慰；我吃东西，母亲温柔地看着我……正是这些日复一日的发现，让孩子体验到了一种来自母亲的情感——母爱，确切地说，是让孩子逐渐建立起一种信念，即"我是可爱的"。当然，这样的母亲也培养了孩子的一种能力——感受被爱的能力。

心理学家发现，被爱是先于爱而出现的。从发展顺序上讲，一个孩子只有充分感受到来自他人尤其是母亲的爱之后，才能学会去爱。我们有理由相信，被爱是爱的必要条件。也可以说，一个孩子如果从小没有被爱的感受，今后便很难具备爱的能力。

由于被爱源自母爱，因此被爱没有理由也无须条件。我是母亲的孩子，我就被母亲爱着。我是一个孩子，就是我被爱的所有资本。有了这个资本，我就无须任何努力和争取，母爱便源源不断地施加于我。

在爱中成长的孩子，体验着快乐与兴奋。可能是因为某次偶然事件，孩子发现自己的一次主动或创造性的行为，比如更大口地吃饭，更快速地大小便，或者自己说的某句话，画的某幅画，能够引起母亲更为强烈且积极的回应。于是，这个孩子开始体验并强化一种全新的情感，即通过自己的努力可以换来别人的爱。自此，"被人爱"变成了"爱别人"，爱开始萌芽。

发展心理学发现，爱从萌芽，到成长、成熟，需要一个人终其一生去完成。其中最为关键的一个阶段，就是孩子与母爱进一步分离，克服以自我为中心，不再把母亲和他人作为实现个人意愿的工具。只有在此基础上，一个人才会逐渐建立他人的需求与自己的需求同等重要的理念，并进而意识到，真正的爱就是努力去唤起别人的爱，就是努力去满足别人的需要。

爱，就是奉献。

爱和需要的关系是我需要你，因为我爱你，而不是我爱你，因为我需要你。一个母亲明白这种逻辑关系对孩子来说至关重要。一个心智成熟度高的母亲知道，自己需要孩子是因为自己爱孩子。而心智不成熟的母亲则相反，她认为爱孩子是因为自己需要孩子。

任何一个母亲都该反思：是"我因爱而被爱"呢，还是"我因被爱而爱"？

无条件的母爱与有条件的父爱

孩子体验到的母爱是一种被爱，它的无条件性表现在两个方面：一是母爱不必索取，也无须报偿；二是母爱不能被创造，也不能被控制。

对孩子而言，这种无条件性既是恩赐，也是悲哀。

毫无疑问，母爱的恩赐能够让一个孩子满足生理的需要，但是一些孩子又常常因为无法主动地选择和拒绝这种母爱。

如果你渴求一滴水，我愿意倾其一片海；如果你要摘一片红叶，我给你整个枫林和云彩；如果你要一个微笑，我敞开火热的胸怀。无数孩子就是被这种如潮水般泛滥的母爱所淹没或浸泡，出现了各种问题。

母亲的重要性是伴随着孩子的成长而逐渐弱化的。在这种弱化的同时，父亲的重要性却日渐凸显。在六岁左右，孩子就需要父亲的权威和指引。母亲的作用是给予孩子一种生活上的安全感，而父亲的任务是指导孩子正视他将来会遇到的种种困难。

有人形象地把一个家庭中的母亲和父亲比作两棵树。出生后，孩子得靠母亲这棵树遮风挡雨并提供食物。等到会走路了，孩子就整日围着母亲这棵树转圈，所转的半径越来越大。很快，孩子就会发现家中还有另外一棵叫作父亲的树，在这棵树下转圈时能够得到母亲那棵树下所没有的东西。

母亲那棵树下没有的东西，也就是父亲这棵树下所独有的东西。

父亲是秩序和规则的象征。与"以孩子为中心"的母亲截然不同，父亲得教会孩子遵守社会的秩序和规则，学习和适应"以社会为中心"。因此，孩子的言谈举止是得到奖励还是受到惩罚，要看其行为是否符合社会规则。

孩子是一个人生命的延续。正是由于"父亲是秩序和规则的象征"，那个最有可能延续自己生命的孩子便因为最像自己而成为父亲的最爱。弗洛姆说："父爱是有条件的。这种爱的原则是我爱你，因为你实现了我的愿望，因为你尽了职责，因为你像我。"

在现实生活中，我们会发现：母爱是无条件的，在所有孩子中她往往偏爱那个最弱小的、最差的孩子；父爱是有条件的，在所有孩子中，他往往偏爱那个最强大的、最好的孩子。

正因为父爱是有条件的，父爱就不只是被动的。

"与无条件的母爱一样，有条件的父爱，有消极的一面，也有积极的一面。消极的一面就是父爱要求有报答，如果你不按他所希望的去做，便会失去他的爱。父爱的本质在于服从是主要的美德，不服从就以收回父爱作为惩罚。父爱也有积极的一面。既然父爱是有条件的，我们就可以想办法获得它，并为此而努力。父爱不像母爱那样不为我们所控制。"

理想的母爱和父爱是："母爱并不企图阻碍孩子成长，不试图奖励他的无能为力。母亲应对生活抱有信心，不过分焦虑，这样才不会把她的焦虑传染给孩子。孩子独立并最终离开她的这一愿望，应是母亲生活的一部分。

"父亲应以道理和期望来引导孩子。父爱应是忍耐和宽容，而不是威胁和独裁，应让正在成长的孩子感到自主权限的日益增加，并最终允许孩子成为自己的主人，并与父亲的权威相分离。"

母爱是给孩子乳汁和蜂蜜

母爱的施予是为了孩子长大。长大有两层含义：生理上的成熟和心理上的成长。

心理学家认为："乳汁象征母爱对生命的关心和肯定；蜂蜜则象征生活的甘美，对生活的爱和活在世上的幸福。"

这个说法非常生动。乳汁的营养能满足一个孩子生理上的需要，而只有蜂蜜般的甘美和幸福，才能让一个孩子的心理健康成长。

"大多数的母亲有能力给予'乳汁'，但只有少数的母亲除'乳汁'以外，还能给予'蜂蜜'。她不仅应该是一个好母亲，也应该是一个幸福的人。但只有少数人才能达到这一目标。母亲对生活的热爱和对生活的恐惧都具有传染性，两者都会对孩子的全面发展产生深远的影响。事实上我们确实可以在孩子和成人身上看到，哪些人只得到了'乳汁'，哪些人既得到了'乳汁'，又得到了'蜂蜜'。"

无论是主动还是被动，那些因深受亲子关系问题困扰而求助于心理咨询的孩子，大多只得到了母亲的"乳汁"。尽管孩子的母亲和父亲并不这样认为，甚至觉得自己的孩子从小就在"蜂蜜"中长大。这些父母不明白：一个孩子幸福的心理感受源自内心需求的满足。只有那些内心需要蜂蜜，父母又适时、适当地提供了蜂蜜的孩子，才能产生积极、正向的情绪，也才能成为良好亲子关系的维护者而不是破坏者。

一个不能为孩子创造幸福的母亲，不可能是一个幸福的女人。心理学研究发现，这种女人不知道自己孩子内心需求的表现，常常是她们不知道自己内心需求的外在投射。心理咨询师所提供的帮助，也经常是从让这些母亲认识自己的需求起步。事实也证明，当这些母亲将口中的"必须""应该""一定"，换成"我喜欢""我需要"或"孩子喜欢""孩子需要"时，亲子关系就能得以改善。

那么，从可操作的角度讲，到底怎样的母亲才能给孩子提供富含"乳汁和蜂蜜"的母爱呢？

心理学中有一个似乎不太像专业名词的专业名词叫"足够好的母亲"，也有人觉得叫"60分的母亲"更贴切一些。

60分就是刚及格，而刚及格的母亲就已经好得"足够"了。

这"及格"和"足够好"，当然是相比于那些100分和0分的母亲而言的。具体地讲，"60分的母亲"给孩子留下了40分的成长空间，使得孩子的每一点进步都得靠自己的努力，而每一次努力都能有所进步。

而"100分的母亲"，采用的是完全替代的形式，表面看起来孩子生活在"蜜"中，其实孩子没有自由，也没有成长的空间。"0分的母亲"则走向了另外一个极端，只提供"乳汁"——只管孩子的吃喝拉撒，而对孩子的心理成长不管不问、放任自流。

🌳 观察并记录的三"点"

在《三个月改变孩子一生》这本书中，我的团队和8位家长用了50多万字的篇幅，全景式地展现了父母"观察"孩子对孩子成长的价值。

听我这么一说，那些不懂心理为何物的人，恐怕立马会问："怎么观察？"

他们也希望自己的孩子优秀，因此他们也希望像那8位家长一样去观察孩子。

还是那句话，"怎么观察"是观察者自己的事情，没有人能给出切实可行的方案。但是，我可以告诉你应该"观察什么"。

要想学会"怎么观察"，先得知道"观察什么"。

观察孩子在不同时间和地点的差异，具体归结为三"点"：

首先就是"不同点"。今天孩子"懒"，昨天孩子"懒"，前天孩子也"懒"。可你是否意识到，当你三次说起你的孩子"懒"时，其实你的孩子已经被你贴上了一个叫作"懒"的标签。那么，我问你：这三天所表现出来的"懒"有什么不同呢？"懒"这个概念，一定对应着具体的行为，你应该去观察并记录行为的差异，而不是简单地指责孩子懒。

其次是"闪光点"，也可以叫作优点。事物都具有两面性，你的孩子有不足，也一定有优点。看不到优点，只盯着不足，那是因为你的心理已经出现了问题！

最后是"动情点"，确切地表达应该是去发现孩子让你感动的那些事——可以是过去的回忆，可以是现在的观察，也可以是基于未来的创造。

母爱是一种可通过练习提升的能力

母爱是人的高级情感。情感不同于情绪之处，就在于它是在长期的社会生活环境中逐渐形成的。母爱的伟大，是因为这种高级情感能制约低级情绪。如果一个母亲不能够控制自己的情绪，给予孩子的就不是母爱，而是溺爱！

发展心理学证实，衡量母亲对婴儿的教养方式是好还是坏，可以考察三个维度，即反应性、情绪性和社会性刺激。而其中的反应性就是指母亲通常能正确理解婴儿发出信号的意义，并能予以积极的应答和反馈，比如婴儿一哭，就能分辨出是饿了、困了、不舒服了、焦虑了，还是无聊了，从而分别采用不同的应对方式。

那些对孩子的感受力差的父母，也完全可以通过练习来提升。而我觉得最好起步于观察——从观察孩子并发现差异开始。

你对孩子的担心会成为诅咒

"你对孩子的担心其实就是对孩子的诅咒。"不同的心理学对此会给出不同（层次）的解释。社会心理学的解释是"自我实现的预言"，意思是你对待他人的方式会对他人的行为产生影响，并最终影响他人对自己的评价。俗话说的"屋漏偏逢连夜雨"大概也是这个意思。而作为深度心理学的精神分析（客体关系理论）则认为，家长对孩子的担心，之所以最终使孩子变成了当初担心的那样，是因为一种被称为投射性认同的防御机制在起作用。

从专业角度讲清楚"投射性认同"可能得用一天的时间，在此我就打个比方简单说明一下。

狗追你，是狗认为你不是什么好人，这是狗在面对你时内心不安全感的外在投射；你跑，是你的内心认同了狗对你的看法，也就是你承认自己不是什么好人。于是，狗的投射得到了你的认同，你和狗之间就形成了追与跑的关系。

同样，对孩子的担心也是你内心不安全感的投射，比如总担心孩子什么也做不好，于是你会想尽一切办法替孩子去做，孩子的能力就得不到锻炼，就会变弱，甚至孩子真的什么也做不好了，而这正是孩子认同了你担心的结果。

对于母子之间的关系，用"爱"来概括显然过于简单了。更多的时候，我在门诊上听到的是仇恨，看到的是漠视，闻到的是血腥。这一切都源于：天底下所有的爱都是为了在一起，而母爱却是为了分离。母子，不可能终生"相呴以湿，相濡以沫"，而最好的结局就是"相忘于江湖"。

我常常会提醒这些母亲——

不能给孩子未来，就还他现在

结束纠缠也是另一种对待

当眼泪流下来

伤已超载

分开也是另一种明白

给孩子最后的疼爱是放开手……

有研究发现，一个人的"成功"并非取决于"心想"，而是"心像"，即心中所呈现出来的形象。真正的清晰就是视觉化，就是看见。心理学不认为"眼见为实"，却坚信眼见的更容易变成现实！在很多父母的心中，自己孩子未来的形象极为不堪。

当你在说"我想要成功"时，你觉得从时间顺序上，"想要"和"成功"哪个在前？

对，"成功"定先于"想要"。

"想要"是你的意愿，而"成功"来自你的想象。这就好比你想要盖一幢大楼，你头脑中得先有那个还不存在的大楼的样子，也就是那幢大楼的"像"。

这个"像"，不是设计师画的图纸，而是矗立在那个地方的一幢大楼，栩栩如生！

如果没有这幢大楼的"像"，也就不可能建起那幢真实的大楼。即使有人建起了那幢真实的大楼，它也不是你所想要的。

由此，越来越多的成功人士达成一个共识，所谓成功就是"心像事成"——在心中首先出现的那个"成功的像"是后来取得成功的必要条件。

必要条件的意思是：没有成功的"像"在先，就没有后来的成功。

当然，有了成功的"像"也不见得就一定能够成功，因此它不是充分条件。

以上分析，旨在说明"心想事成"的说法是站不住脚的。意愿尽管也很重要，但最后的成功不取决于"想"，而是取决于"像"。

同样，不成功者也正是因为没有成功的"像"。而且，更有意思的是，这些人的头脑中始终存在着"失败的像"，并通过"担心"这一心理过程将其反复强化。

有了这样的结论，我们就可以解释"担心就是诅咒"了。

有一个针对出租车司机的调研问题：每日出门时，你最不愿意听到的话是什么？多数人选择的答案是：最不愿意听到亲人叮嘱一定要注意安全。

请思考：当你用一定要注意安全来表达关心时，头脑中出现的是一个"安全的像"还是"不安全的像"呢？

还有一个针对学生群体的调查，调查结果显示，学生们在即将步入考场时，大多数学生听到过诸如"要好好考""要集中精力""不要粗心"之类的叮嘱，叮嘱者包括爷爷奶奶、姥姥姥爷或爸爸妈妈。相关研究提示，没有任何证据显示这样的叮嘱会发挥作用，也就是说通常不能达到叮嘱者的目的。

也请你思考：当你对孩子千叮咛万嘱咐时，你是相信孩子还是不相信孩子？孩子在你心中又是一个什么样的"像"呢？

为避免理论上的说教，我举个例子。

一位父亲在我面前理直气壮而又语重心长地对自己儿子说："如果你不好好学习，将来就考不上大学。如果你考不上大学，就找不到一个好的工作。如果你找不到一个好的工作，连一个好媳妇都找不上。你怎么养家糊口？你到退休时去哪领养老金？"

儿子才 10 岁，这位父亲已经为他想到了退休后的悲惨生活。

你说，这不是诅咒，又是什么！

当然，我这样说时，排除了那些真正有病的孩子。就像所有的疾病一样，严重的心理或精神疾病也会让一个孩子成为真正意义上的病人。在这种情况下，家长的担心是必要的，因为只有在担心的驱动下，才能为孩子提供现实的帮助。

🍂 教育孩子的技术与理念

你之所以不能解决遇到的一些问题，常常不是因为缺乏解决问题的技术，而是因为你在面对这些问题时理念错了，结果就只能是南辕北辙、劳而无功！

"师者，所以传道受业解惑也。"传道、受业和解惑是三个高下相分的层次。

最低层次就是解惑，其最直接的表达形式就是一问一答，简单说教，比如家长们问"该如何让孩子爱上学习？"，你答"要培养孩子的好奇精神"或者"别让孩子感觉学习是一件痛苦的事情"。

解惑当然没错，但是无异于废话。

受业的层次就高了一点儿，它把说教变成了技术，比如直接传授让孩子爱上学习的三句话：你今天在学校开心吗？你今天在学校帮老师、同学做事了吗？你今天在学校交了几个朋友？并给家长们解释：小孩子是感性的，只要高兴，让他干什么他都会听；要从小培养孩子的责任心，让他有责任感，长大后才能对社会有用；人脉就是钱脉，只有广交朋友，未来才有大作为。

遗憾的是，这种"实用"的技术对一些人根本不起作用，对更多的人则是暂时起作用，但过一阶段就不起作用了。

最高层次是传道。此处所言的"道"，我认为就是一种理念。比如"十年树木，百年树人"和"把孩子当成孩子"等都是理念。家长头脑中的教育之"道"，决定了他在教育过程中会遇到什么样的困惑，以及采用什么样的解决方法。

如果"道"或理念错了，无论跟别人学多少正确的技术，也解决不了困惑。

一位妈妈告诉我，她把"让孩子爱上学习的三句话"用到儿子身上时，刚开口就被顶了回来。

她问刚刚放学回家的儿子："你今天在学校开心吗？"儿子没好气地答："我开不开心，跟你有什么关系！"

这位刻板的妈妈忍着怒气再问："你今天在学校帮老师、同学做事了吗？"儿子说："我凭什么要帮他们做事！"

她还不死心，又抛出了第三句："你今天在学校交了几个朋友？"儿子干脆就骂了句"神经病"，又用力关上卧室的门去玩游戏了。

像这位妈妈一样的家长，在没有理解并掌握"关系先于并大于教育"的理念前，他们所学到的任何技术，不但无用，还常成为进一步伤害孩子或损害亲子关系的"武器"。他们不但不能解除困惑，反倒更加迷茫，甚至绝望。

理念是一种假设。任何具备科学思维的人都知道，理论脱胎于假设并指导着实践。如果某种理论不能有效地指导实践，那很可能不是理论的问题，而是假设本身错了。

很多家长在被孩子的问题困扰时，总在寻找解决问题的方法，却从不怀疑自己的理念。到头来，只能是南辕北辙。

呜呼，小学而大遗，吾未见其明也。

我堕落，但我快乐

文/徐少波

妈，你知道我为什么染发吗？因为你不让。

妈，你知道我为什么化妆吗？因为你不让。

妈，你知道我为什么喝酒吗？因为你不让。

妈，你知道我为什么去夜总会吗？因为你不让。

妈，你知道我为什么夜不归宿吗？

因为在家里，你不让我做的事情实在太多了。我已经不是我，而只是你头脑中那个完美标准的实施者。你就像那个耍猴的人，而我就是那只必须按指令行事的猴子，稍有违背，招来的便是皮鞭的抽打。

更因为，我干了自己喜欢干的事情，虽说有很多的赌气成分，但依然是我自由意志的体现，所以，我感到快乐。

估计看到这里，你已经快疯了，但我劝你还是忍一忍，看完下面的话。

爸爸把家当成旅馆，已经好长时间了，相信你比我清楚。我相信他工作忙、应酬多，但我更相信，他在喝酒的时候一定比在家里听你唠叨快乐。你们年轻过，相爱过，相信那时候的爸爸一定是急着往家跑，而不是相反。妈妈，你想过为什么会有这么巨大的反差吗？这才十几年啊！妈妈，我可以明白地告诉你，不是因为工作忙，也不是因为你老了，而是你用你的控制和唠叨，走出了爸爸的心，爸爸也就走出了这个家。和一个不喜欢的人待在一起，那叫自讨苦吃，没有这样的人。

你一定会说："我养了你，就是自讨苦吃。"

妈妈，我告诉你，你又错了。回想一下吧，当你不停唠叨的时候，你有没有一种快感？当你批评我，越说越起劲的时候，你有没有一种快感？当你给我立下规矩而我又乖乖遵守的时候，你有没有一种快感？当我什么都好，你跟朋友、同事炫耀的时候，你有没有一种快感？你不会否认这些吧。

对于很多事，我还想不明白。但我知道，我的到来，一定给你、给你们带来过快乐。那时候的我，应该也是快乐的。应该是在上学以前吧，那时候的爸爸年轻，帅气，富有活力；那时候的你，在爸爸的呵护下是那么漂亮，那么让人美慕；那时候的我还小，无忧无虑，可以任性地在你们的肩头撒娇、嬉戏。

转变，也许是发生在我上学以后。你好像突然变了一个人，变得紧张了，变得急躁了，变得贪得无厌了。你开始让我学这个，学那个，要求我听话，要求我考试得满分，要求我给你争光。但你不允许我玩，不允许我顶嘴，不允许我偷懒，不允许我像一个小姑娘那样展现一丁点儿孩子的天性。总之，我必须按照你的规矩来。不光是我，即使爸爸看不下去了，说两句不同的意见，你也会毫不客气地顶回去，理由当然是冠冕堂皇的、无可辩驳的——为了我好。

你也许会反问："我难道不是为了你好吗？"

我绝不会否认你对我的爱，即使是现在。但是，光有好心是不够的。妈妈，爱，或者说好心，是一把刀。这把刀，既可以杀人，也可以救人。

最怕的是，一个还没有掌握刀法的人却拿着刀胡乱挥舞。

妈妈，我再小，也是人。既然是人，就有七情六欲。人一旦有了七情六欲，就需要被满足，就需要被理解。如果一个人长时间不被理解、不被满足会怎么样呢？

先别说会怎么样，妈妈，你先体验一下。假设，爸爸十几年如一日地对你冷眼相看，除了批评就是指责，既不满足你生理上的要求，也不满足你心理上的要求，嘴上却说这都是为了你好，你会有什么感觉？估计不用十几年，只要几个月，你就想杀爸爸了。妈，你这才几个月啊，而我真的是被这样对待了十年啊！

还有，妈，你这几年一直抱怨你的工作无聊，没有价值感。那么我问你："为什么不辞职？"原因很简单，无论你承认不承认，你从这个工作当中得到的一定比你付出的要多，或者说，你没有把握辞职以后能找到更好的工作。说白了，你还能忍受。如果，从现在起，你的领导天天骂你，同事天天欺负你，你还会一直待在那个单位吗？

我觉得，学习之于学生有点像工作之于家长，都有点儿鸡肋——食之无味，弃之可惜。只要不超出承受的范围，坚持下去，或者说苟活下去，是不成问题的。妈，你理解我说的话吗？

妈，我现在告诉你，当一个人的七情六欲长时间得不到满足时，他会怎么样——饥不择食，慌不择路。

我堕落，不是因为我坏，而是因为我想活下去。

挣脱束缚后的我，很快乐。

这篇文章，是我匿名"编造"的，引起了一些家长的共鸣，也有人止不住流下了眼泪。现在，请允许我继续用第一人称，写一点儿我最近的感想。

🍃 我是农村娃

农村孩子的父母在书本、老师、学校面前，是自卑的，因此他们也不过分地要求孩子，大体上的态度是，孩子如果是那块料，砸锅卖铁也要供孩子上学。

🍃 世界在变化，变化的速度超出你的想象

记得在很多年前，有一位叫卢勤的教育专家在她的一本书里写了这么一句话：用昨天的经验，教育今天的孩子，适应明天的生活。

🍃 夫妻关系

治疗老婆唠叨的最好方式是去爱她，包括精神上的爱和身体上的爱。

有个笑话是，老婆说："要不是看着你像我儿子，早就休你了！"

原来的婚姻是为了生产，为了繁衍，为了生活。生产就是合作，就是一起种地。繁衍就是为了要孩子，或者一个人看孩子，另一个人种地，或者等孩子稍微长大一点儿，一家三口一起种地。生活吗？基本顾不上，能吃饱穿暖就很好了。但现在不一样了，时代变了。原本用于生产、繁衍的时间和精力空余了，怎么办？

🍃 母亲的权力有多大

母亲的权力就是绝对的，包括对丈夫，尤其是对孩子。像对别人的孩子那样对待自己的孩子，不要那么关心孩子，不要那么爱孩子。

🍃 孩子是谁的

产权必须明确，管理权必须移交，一个是转移，另一个是教会他。

帮孩子赢得竞争的途径

学习，考试，升学，是赤裸裸的竞争。

一、了解竞争规则。

二、评估孩子的学习潜质。

三、给予专业的指导，包括技术上的，也包括心理上的。

四、沉下心，忍住气。

请关注孩子的心理健康

不成功，或者说赚不了那么多钱，是可以接受的，也是大多数普通人的写照，但不能把原本一个好好的孩子养成病人。

如果你觉得看我上面写的那些太麻烦，

如果你觉得这些育儿的理念、理论、技术太枯燥，

如果，你觉得看书太费事，

那我，还有一个诀窍，就是六字箴言：

闭上嘴，少说话。

看《动物世界》的时候我常想，如果狮子、老虎会说话，早就灭绝了。

转变就在一念之间

文/李德解

　　《母爱的救赎》是继《三个月改变孩子一生》后的又一部阳光纪实类作品。作为该项目的总策划，我想把它的诞生历程分享给各位读者。

　　这本书源于我们在心理学理论教学与心理咨询实践中的探索与反思。无论是在教学过程中，还是在临床实践中，我们都发现，太多的人被"裹挟"着陷入心理困顿的泥淖。经过心理咨询师协助，他们费尽心力地"爬出来"。正当我们想松口气为其喝彩时，却又眼睁睁地看着他们奋不顾身地跳进下一个泥淖。这种循环促进我们思考：到底问题出在哪里呢？

　　对这个问题的初步思考源于我的学习与工作经历。

　　在研究生阶段，我的专业方向是事故与灾害心理创伤干预。我有幸参与北卡罗来纳大学有关依恋研究的项目，并撰写了我的毕业论文《成人依恋、父母教养方式与社会能力的关系研究》。研究的结果用最通俗的话语表示就是：孩子被什么样的父母生与养，生命的历程就会带有什么样的印记,这种印记直接影响孩子步入社会后的生存状况。

毕业后,我在湖南教育电视台下设的一所特训学校做心理老师,每天面对的是一群贴着"问题青少年"标签的孩子。一般来说,他们会在特训学校里封闭训练、学习六个月,经历一番塑造与历练后,重新回归原来的环境,继续生活。在三年的工作时间中,我辅导过的学生不计其数。这些学生回归原来的生活环境后,大多数学生并没有像我们预想的那样,一切"重新开始",而是在短时间内又退回到"问题青少年"的行列。记得与学生谈心时,一位学生说:"老师,你真的认为都是我的问题吗?你们大人就是这个样子,总觉得是我们的错。你有没有想过,这一切是我爸妈一手造成的?"被学生这么赤裸裸地反问后,我开始深入思考:"问题"的根源到底在哪里?

带着这种思索,我进入新阳光心理研究所,跟随李克富老师工作、学习。接触的案例越多,我越看到,"问题青少年""问题父母"并不是独立或对立存在的,他们恰恰是一个矛盾统一体,互为支撑,同时存在。家庭是由父亲、母亲、子女共同组成的。一个"问题"孩子的背后,总有一个"问题家庭"支撑着孩子的问题。想让这个孩子走上阳光明媚的道路,只对孩子下功夫就显得无济于事,而父母内心的阴霾,也必然成为我们关注的焦点。

于是,我们开始尝试走这样的一条路:面对因孩子"有问题"而寻求心理咨询帮助的父母,我们的心理咨询师会通过深入交流,了解整个家庭的基本情况并确定问题的核心点。在父母系统地接受心理咨询的同时,我们邀请他们参与一项任务,任务很简单,就是坚持记录三个月的日记,对日记唯一的要求是尝试用正向、积极的视角去记录生活中发生的点滴事件,可以是一件事,也可以是很多件事,目的是让家长努力看到阴霾后面的一缕阳光。

但这项任务似乎又不像看起来那么简单,因为家长在记录过程中会遇到各种各样的因素阻挠，比如感觉没东西可写，抽不出时间记录，做不到阳光地记录等。为了协助父母克服这些困难，我们会给出一定的监督与指导，家长的每一篇日记，都会很及时地收到心理咨询师及心理专家的指导反馈。在策划过程中，我们认为这些指导与反馈不重要，重要的是引导父母走向阳光、积极、正向的记录道路，并让这份坚持成为习惯。众所周知，旧习惯的打破及新习惯的养成，需要我们付出很多的心理能量，承担"改变的痛苦"。所以，父母在记录过程中体验到的"痛苦"才是真正阻止他们坚持的"罪魁祸首"。我们要做的不是去除父母的这份"痛苦"体验，而是陪伴父母在痛苦中积极前行。当父母度过这个痛苦的阶段后，积极、正向、阳光地看待生活事件的习惯将成为自然。慢慢地，我们会引导父母把这种习惯迁移到生活的方方面面，经过不断积累，整个家庭的阴霾就开始消散，取而代之的是阳光普照。

对于这条路，虽然在理论与理念上我们充满自信，但在具体行动上，我们确实是摸索着前行。家长的每一篇日记背后都是以李克富教授为首的专家组成员的倾心相伴，每一篇日记的回复都经过专家组成员的反复讨论、思索。我们的目标就是在专家组高质量的"陪"与"伴"之下，看到更多阳光灿烂的笑脸，看到更多天真无邪的孩子有机会像孩子一样长大！转变在一念之间，转变更在坚持之下！

最后，感谢小洁妈妈三个月的记录，感谢以李克富教授为首的专家组成员三个月的辛劳付出，感谢青岛出版社为我们的项目提供成果展示的机会，更感谢各位读者能静心阅读此书。如果此书能有助于您的心理成长，就是我们最大的心愿！

目录

第一个月

1

第二个月

第三个月

3

第一个月

第1天

2014 年 12 月 21 日　周日　晴　☀

终于抓住了救命稻草

　　从听到徐少波老师的建议（让我写日记）到我真正开始写日记，时间间隔了半个月。我感觉自己已经是行尸走肉，没法再开动脑筋。我寄希望于徐老师的帮助，像抓了一根救命稻草一样，渴望有一天，能像别人一样，笑得阳光灿烂。

　　从女儿放暑假到现在，我真的是在天堂和地狱之间穿梭。很多场景历历在目，甚至在半夜三更，我都会满头大汗地突然坐起。老公现在也是如此，一听到女儿的负面消息就开始尿频，露出痛苦的表情。我们俩到底做了什么孽，竟然把女儿养成这样？

　　在初四复读前，女儿真的是一个乖乖女，是我们的掌上明珠。可是只一个暑假而已，女儿怎么就变成这样？我想不通，砸破脑袋也想不通。第一次听到那些有关女儿的可怕消息时，我真的眼前一黑，整个人直直地倒下去，感觉后脑勺撞到了地板，而后什么都不知道了。以前总听别人说"气昏过去"，我一直觉得那是影视剧里才会有的场景。真正体验了，我才知道那种痛苦来得那么真切。

　　回想女儿小的时候，一家人开开心心，真好！自从女儿读小学开始，我们确实过于关心她的学习了。但在该上学的年龄不学习，那像

话吗？我小的时候，也被父母这么严格地管着，我也没像我女儿这样"作"！即使"作"，那也要有个度吧？我不能再继续想了，想得头都大了，越想越气愤。

看看表，已经是晚上12点了，老公在外面应酬还没回来，女儿也在"应酬"，唯有我在这个黑暗的家里，回顾着这些让我伤心的往事。我不知道积极、正向、阳光的日记该怎么写，因为我活在黑暗里，我没有光明可以描述，更没有那种自欺欺人的心情。我很迷茫，不知道这样的黑暗是过山的隧道，还是永无止境的黑暗长廊。我就这么受着吧，这一切总有一天会结束，不管是以什么方式！

徐少波回复

活在黑暗中的那种痛苦和恐慌，我能理解，更何况是因为女儿。

我相信你在日记开头的描述：像抓了一根救命稻草一样。你既然抓住了，就要坚持下去！问题不是一天两天形成的。我们不能指望一朝一夕就能解决问题。

往前走，我们一起努力！

李克富点评

莫成了求助者手中的那根稻草

多数求助者是怀着"抓了一根救命稻草"般的期待开始与心理咨询师接触的。这极易激发心理咨询师的职业神圣感，调动心理咨询师的积极性，使得心理咨询师迫切地想为求助者做些什么。这不是坏事。

但是，心理咨询师必须牢记，心理助人的原则是"助人自助"或"助自助之人"。对于求救者来说，能够救命的是努力去抓的这种行为，而不是那根稻草。心理咨询师当然不能成为求助者手中唯一的稻草，而应该去启发、引导、支持、鼓励求助者充分利用自身现有的条件，去抓取更多的稻草，一点一点地增加在水中的浮力，最终，经过一番挣扎后，学会游泳或爬上岸来。

一开始就对求助者的依赖心理保持高度警惕和识别能力，是任何一个心理助人者的基本功。从理论上讲，作为一种防御方式，当面对压力时因心理退行而希望、等待、要求、依靠别人替自己解决问题，都不能算是异常表现，但是这种依赖常常对心理的成长不利。

一般而言，依赖表现为四种形式。最直接的形式之一就是求助者要求心理咨询师："你就直接告诉我，回家之后该如何跟孩子说吧。"或者求助者用直接的方式问："在孩子是休学还是坚持上学这件事上，我该怎么办？"另外，很多求助者用阻抗的形式来表达依赖："你让我回家后思考一下和孩子搞不好关系的原因，可我想破了脑袋也想不出来！"当然，最值得注意的是那种不易察觉的形式，比如："请您帮我分析分析，我怎么就对孩子如此担心呢。"无论这些求助者的依赖属于哪种表现形式，都是依靠别人而不是靠自己解决问题。

有了对依赖现象的清晰识别，我们就能够有效地应对处理。从技术层面上讲，一个受过专业训练的心理咨询师不让求助者依赖自己并不难，比如在很多时候不去直接回答求助者提出的问题就足够了。

其实，在现实生活中，我们还应该看到更多种类的依赖，比如各种"瘾"：酒精成瘾就是对酒精的依赖，网络成瘾就是对网络的依赖……那么，当一个妈妈把孩子的成长和变化完全寄托于每天写所谓的阳光日记时，这是不是另外一种形式的依赖呢？我们又该如何帮助求助者克服这种依赖呢？

这不只是一个问题（question），更是一个问题（problem）！

第2天

2014 年 12 月 22 日　周一　晴 ☀

我是这个世界上最悲惨的人吗?

　　直到早晨五点多,老公才回家,面色土灰,一进门就直奔卫生间了。女儿又没回家。我也越来越疲惫,像是到了极限,焦虑、难过到极点,但还未让自己垮掉。我就只能这么承受着,终于切身体会了什么叫"身心麻木"。

　　上班对于我来说,就是换个地方继续麻木。确实,像我这样的工作,就是在上班时间聊家长里短。但现在,对于我来说,上班时只做一件事:放空一切,让思绪飘忽。只要回到现实生活中,我感受到的就是切身的痛。

　　下午接到朋友电话,聊了几分钟后,她就开始大肆赞扬她家儿子多么贴心。这些话真的像拿着一根针扎我的心,感觉头皮发麻,全身冒汗,眼前又开始有金星闪烁。我借口来了工作电话,挂了朋友的电话。回想女儿上小学的时候,她家儿子淘气得厉害,时常打架,然后被老师要求叫家长。而我以前每次给这个朋友打电话的时候,也是尽情地炫耀女儿的出色。确实,那时候的女儿乖巧、漂亮,能歌善舞,成绩名列前茅……可我那时候真没意识到自己的行为会伤及他人。

　　晚上回家后,我看到女儿躺在床上,浓妆艳抹,不知在跟谁用

QQ或者微信聊天，根本不跟我打招呼。我懒得问女儿，因为我只要张口就控制不住自己。我把饭菜做好后，老公回来了，他说难受，不吃了，随后自顾自地回卧室玩电脑去了。女儿从自己卧室出来，自己盛饭吃，都没拿正眼瞧我一下。我突然感到委屈，想落泪，想想算了，这就是我该受的罪。

八点半刚过，我听到楼下有辆车在狂按喇叭。女儿走到窗前看了一眼，而后迅速回到房间背上包，出门了。我看到几个打扮得跟女儿一样的男男女女，带着女儿一起走了。在这个家里，我变成了最卑微的保姆，谁也不需要尊重我的想法，我只要按时做好该做的事就行了。

我又这么煎熬地过了一天。

早上看到徐老师的回复，心里似乎有温热的感觉。是的，我逃避得太久了，注意力总是放在指责与抱怨上。可是，我不是圣人。如果不这样，我怎么活？

徐少波回复

我们是否会因一个陌路人的不良表现而"身心麻木"，比如邻家的孩子？即使有，那也是短暂的，肤浅的。之所以能感到切肤之痛，是因为在痛苦的背后，是对老公和孩子深深的爱与怜惜！只不过，现实和理想的反差太大。

在风雨飘摇中，人心都是恍惚的，可我们需要知道，只有"止水"才能照出自己的样子。静下来，很难，但正因为难，才彰显其有效和可贵。

既然不是圣人，那就"自私"一次，按时做好该做的事就行了。

李克富点评

你就是这个世界上最悲惨的人

很多时候，就像幸福源自比较一样，痛苦的程度也是比较的结果。遗憾的是，心态或心理健康水平直接决定了一个人所采用的比较方式。心态阳光的人，在幸福时只是享受幸福而不比较；心态阴暗的人，则把那些比自己更幸福的人作为标准，直到在比较中发现自己的不幸才算了事。不少抑郁症患者在康复后说："过去的我，该横向比时总是纵向比，而该纵向比时又横向比，反正怎么比都不如别人，怎么比都不如从前，怎么比都难受。"

不少父母就是在拿自己的孩子跟别人家的孩子比较的过程中加重了痛苦，从而把自己当成了这个世界上最悲惨的人。其实，这些父母知道自己的孩子有优点，也知道别人家的孩子有不足，但是这种认知并不能缓解他们的痛苦。

以往，我也曾经这样安慰求助者："家家有本难念的经。你们的孩子并不是那个最差劲的，你们也并不是世界上最不幸的父母。"其实，话一出口我就知道自己在说废话。后来，我改变了方式，因为安慰式地讲道理只对那些心理健康水平较高的人有效，而寻求心理帮助的人，多数人的心理已经不那么健康了。

于是，我把陈述句变成了疑问句："你觉得你的孩子是这个世界上最差劲的孩子吗？"我特别加重"最"字。

面对这个问题，有的人会先一愣才回答，更多的人则是直截了当，甚至斩钉截铁地说："当然不是！"

"还有更差的？"我明知故问。

"当然有。"接下来，我会让这些父母具体地举几个比自己的孩子更差的例子。毕竟，没有最差，只有更差。

待这些父母说完张三家的孩子如何坏，李四家的孩子如何恶，王五家的孩子跳楼自杀了……我会问他们的感受如何。答案一般是："这样一比，好受多了。"更有意思的是，很多父母经过这样的比较和提问，阴郁的脸上竟会露出笑容。

但是，缓解这些父母的负性情绪并非我的目的。我想要的，是让他们从被负性情绪控制的泥潭中走出来，激发斗志。

"可我觉得，你们的孩子真的是这个世界上最差的，你们也是这个世界上最悲惨的父母。"我还特别强调，"这是我的心里话。"

这些家长沉默了，笑容也不见了。

我再问："能接受吗？"

悟性好的家长会欣然接受。悟性差的家长需要我进一步引导。

"如果我们接受了最差，只要是变，就一定会变好；如果接受了最悲惨，得到幸福就极为容易。这样，我们的日子就是往上走，就是芝麻开花节节高。"

我觉得，我把"好与坏的辩证法"不但说明白了，也说到根底了。我想让那些家长把那双不跟脚的鞋子脱下来，干脆光了脚，就不再怕穿鞋的了。

第3天

2014 年 12 月 23 日　周二　晴 ☀
该如何继续糟糕的生活?

　　女儿已经三个月没上学了，今天正好是满三个月的日子。回想起刚知道女儿逃学的那会儿，我根本不相信。对于复读这件事，我们当初征求了女儿的意见，她自己是同意的。才复读不到两个月的时间，女儿怎么就突然变了呢？我想不通。慢慢地，我开始留心女儿的变化，才恍然发现，这个站在我面前的女儿，如同陌生人。

　　不知道为什么，这些事情总会在我的脑海里像过电影一般闪过，让我抓狂。

　　今早没开车，我想坐公交车上班，路上遇到一个与我年龄相仿的人正牵着狗过马路。那是一只很大的金毛犬，它突然停在斑马线上拉粑粑，拉了好几段像香肠似的东西，女主人立马回身温声细语地说教起来，同时从手提包里拿出一个袋子，把粑粑收拾进去……

　　我想起在女儿上小学三年级的时候，她想养条狗，因为我对狗的气味过敏，所以没同意。有一次，女儿过生日，她的一个好朋友送来一只可爱的贵宾犬。第二天女儿还在睡梦中，我已经把狗送走了。自然，后来女儿大哭大闹，而我似乎没有一点恻隐之心。再后来，我老公偷偷在自己的公司里为女儿养了一只哈士奇，我知道后便把这只哈士奇送给了一名员工。现在想想自己真的很可笑，一切都以自己为中心，只要我不同意的，他们就不能做。这个家能维持到现在，看来真的是他们包容我很多。

在吃午饭的时候，我给女儿发了一条信息，让她晚上早点回家。我也不知道今天发信息的目的是真的关心女儿，还是想把女儿骗回家供自己发泄情绪。一直到我下班回家，女儿都没回复。

晚饭依然只有我自己吃，老公有应酬。我现在对老公的应酬已经有点儿麻木。以前，每每老公出去应酬，我都会接二连三地打电话过去，讥讽老公几句，然后自己坐在家里生闷气。现在的我似乎真的麻木了。

我给妈妈打了个电话，得知妈妈身体挺好。只是我妈妈每次都会对我说："好好活着就都好。"可是我都没有好好活着，怎么会好？

徐少波回复

一个人的生活无论有多糟糕，也一定有美好的部分。道理很简单，糟糕与美好是比较的结果，去掉任何一方，另一方也就不复存在。只不过，我们在负性情绪的控制下，自动屏蔽了那些美好的东西。看不到美好的东西，我们又会加重负性情绪。恶性循环！

人人都喜欢和"笑脸人"打交道，相信你也不例外。

李克富点评

试着发现生活的美好

人一旦出于某种原因而产生了情绪问题，便看不到生活当中的美好了，尽管现实没有改变，尽管生活在别人眼中依旧美好。

这个世界不是没有美，而是你缺少一双发现美的眼睛。情绪障碍会蒙蔽我们的双眼，让我们失去发现美的能力。

心理医生们发现，多数出现了情绪障碍的人，其认知却是完好的，比如他们知道花是红的，叶是绿的，也知道一个给自己的狗收拾粪便的女主人对狗是充满爱意的。也就是说，他们知道这个世界是美好的，生活是美好的，知道自己做什么是对的，做什么是错的。

面对这种人，有经验的心理医生总会绕开当事人对负性情绪的描述，不再关注当事人对自己和外在事物的评价，而是尝试着询问："你最近都干了些什么？你又能干些什么呢？"

第一个问题是心理医生对当事人现实能力的评估，第二个问题是当事人对自己现实能力的评估。

"干了些什么"才会让当事人走出情绪困境，而"想了些什么"则会让当事人在情绪陷阱里越陷越深。因此，当一个人说自己"能干些什么"时，他就不单是在表达自己的能力，更是在表达内心的希望。

心理医生相信，一个仍然活着的人总是"干了些什么"，也总"能干些什么"的。心理医生的任务之一，就是让当事人回忆自己所干的一切，以及督促当事人去干能够干的。

"昨天情绪非常差，什么也不想干，只是把碗洗出来了，把垃圾倒掉了，还顺便收拾了一下菜篮子。"

这是在我提问时，一位抑郁症患者跟我说的。尽管她说"什么也不想干"，但是毕竟干了不少。

我再追问："好好想想，昨天还干了什么？"

她答："擦了擦桌子，整理了一下书橱，给老公打了个电话，给花浇了点水……"

如果我一直追问下去，她会想起更多，因为她的确做了很多，比如起床穿衣服、刷牙、洗脸等等，都是昨天"干"的，但是被她忽略了。

所谓"试着发现生活的美好"其实是心理医生常用的一种技术，一般从让当事人回忆自己做过的事情起步，然后指导着当事人有意识地去重复那些自己能够做到的事情。

一个人只有有意识，才能主动去做某事。一个人一旦主动地去做某事，价值感就会提升，情绪就会好转。

试着发现生活的美好，不是用眼睛，而是用行动。

第4天

2014 年 12 月 24 日　周三　晴 ☀

不生你，我也不用受那么多罪！

　　女儿今早破天荒地跟我说话："妈，给我三百块钱，我同学的妈妈住院了，我想去看看。"

　　心底里的那个"伺机教育家"被我压了好久，我才淡淡地回一句："行，给你五百块吧，买点有档次的东西。"

　　女儿的眼里放了一瞬间的光，回了个字："好。"

　　其实，我特别想跟她说："一定要珍惜亲情，说不定哪天我和你爸也会病倒，那时候你还能指望谁？"好在可以写日记，不然，这句没被说出来的话，我一定会找个机会说给女儿听，或通过短信，或通过电话，抑或是哪天在饭桌上。

　　中午有点累，我跟领导打了一声招呼，开车回家。路上接到女儿的电话："妈，我同学的妈妈去世了……"而后我听到女儿的哭声。我似乎好久没心疼过别人了。女儿的哭声，让我像僵尸复活一样有了心疼的感觉。我安慰了女儿几句，挂了电话，到家后，躺在床上休息。

　　整个下午我都在那种浑浑噩噩的睡梦与迷糊将醒的状态中度过。起床后，我发现枕巾都是湿的，梦里不知是被气哭的还是伤心哭的，总之，没少流眼泪。晚上又一个破天荒，老公、女儿齐刷刷地回家吃饭。饭前老公一个人坐在沙发上看新闻。女儿已经卸下刺眼的妆容，似乎很低落地坐在钢琴边翻着乐谱。不久，一曲《泡沫》响起。我感觉女儿这次弹得很打动人心。

回想起女儿三岁生日的那天，我带她逛商场，她要的生日礼物就是钢琴。可是，接下来我的"逼迫"让女儿有点儿害怕，甚至厌恶钢琴。但是，话说回来，结果还是好的，现在的女儿随便拿个谱子就可以很顺手地弹下来。

吃晚饭的时候，大家都不说话，吃到一半儿，女儿突然哭了起来，说："你们当初怎么就把我生下来了？为什么不打掉我？"我和老公怔怔地看着她，无言以对。前段时间，女儿最闹腾的时候，我无意间说过狠话："当时知道你是女孩，全家人一致同意打胎，我就不应该一意孤行，把你生下来。不生你，我也不用受那么多罪！"说完后，我是消气了，但女儿记恨上了。我心里发堵，没吃完就放下了筷子。老公还给我添堵，来了一句："你就白瞎在一张嘴上！"突然，我觉得自己很委屈。难道我就必须像一个受气包一样，无声无息，不能有自己的脾气吗？

徐少波回复

人必须有脾气，这属于个性的范畴。一个人如果没有了个性，那似乎也就不能被称为一个人了。既然是个性，每个人就会有不同，也就是说任何人都不会100％地按照我们的思路出牌，这就会让我们有挫败感，让我们产生负性情绪，比如愤怒、怨恨。我们如果不会处理这些负性情绪，就会被负性情绪所控制，说出让自己后悔的言语，继而导致别人的"记恨"或"报复"，又会被进一步激发负性情绪……所以，出现负性情绪时，先"忍一忍"，平静下来再说。

李克富点评

说者无心，听者有意

我们所听到的并能激起我们情绪共鸣的东西，一定是我们内心已经存在的东西；如果心中没有，一定不会与听到的发生"共鸣"。这本是一个常识，但是想跟那些不理解"心理是脑的机能"这一科学结论的人，说明白"心中有什么，耳朵才能听到什么，心中才会在意什么"，还真不是一件易事。

"说者无心，听者有意。"此言非虚。"听者无心，任你胡说。"这说的也是实话。如果做母亲的你和正处于青春期的女儿关系尚好，可以严肃地跟女儿开个玩笑："当时知道你是女孩，全家人一致同意打胎，我就不应该一意孤行，把你生下来。不生你，我也不用受那么多罪！"你觉得女儿会怎么回应？

一位女儿听完，反问："妈，你现在知道当年受的那些罪多么有价值了吧？"

另一位女儿气呼呼地说："如果不生我，你现在遭的罪更多！"

还有一位女儿说话很干脆："跟我说这些，你是不是疯了？"

估计没有两个妈妈会从女儿口中得到完全相同的答案，但是女儿听完就哭起来的情况可能也不多。

那么，当女儿说："你们当初怎么就把我生下来了？为什么不打掉我？"她想表达什么？是埋怨父母"当初"生下了她，还是对"现在"的父母表示不满呢？

一个14岁的女孩曾向我哭诉她妈妈不爱她。一问才知道，这个女孩曾在小时候问"我是从哪里来的？"，她妈妈大概随口就说"你是从垃圾箱里捡来的"。之所以说是"大概"，是因为妈妈自己都不记得是否说过这样的话了。可没想到十多年前的一句话，现在又被女儿翻腾出来了。

　　我们有必要问一下"为什么"和"为了什么"。社会心理学告诉我们：归因不仅是一种心理过程，也是人类的一种普遍需要。意思是说，凡事都有一个理由。比如"从垃圾箱里捡来的"就是这个女孩在记忆中为"妈妈不爱我"所找到的一个理由，其目的则是想唤起妈妈对她的关心和爱，而不是冷漠和责骂。

　　能够听懂孩子"说了什么"并不重要，重要的是学会观察孩子是"如何说"的。所谓沟通，就是关注"如何说"的过程，而不是盯着"说了什么"的结果。

　　沟通不单纯是信息的交流，还包括情感、需要、态度等心理因素的传递。同样，在亲子沟通当中，父母听到了什么并激发了怎样的情感，也是由父母自己的内心决定的。

第 5 天

2014 年 12 月 25 日　周四　晴 ☀

真想一走了之

　　今天是圣诞节，女儿早上又问我要一千块钱，说同学母亲去世了，面子上总得过得去，要给同学包一千块钱的份子钱。现在的孩子，排场比大人都足。我跟女儿理论了半天，最终给了她八百块钱。看得出来女儿很生气，估计女儿又要缠着她爸要钱。反过来想想，我也挺掉价的，为了两百块钱，跟个孩子煞费唇舌。

　　在午休期间，我和几个同事开车到商场逛了逛，她们又是挑拣，又是试穿。我没有购买的欲望，甚至有点后悔，为什么要跟这些婆婆妈妈的人一起逛街，搞得自己心烦意乱。我告诉她们我有点闷，先到车上等她们。出商场时，有一个穿圣诞服装的小伙子递给我一个圣诞礼盒，里面是一个大大的苹果。我有些许开心。

　　下午上班，又是边听同事的家长里短，边回味家里的事，边处理手头寥寥无几的工作。工作几十年，我都是在这样的无意义中度过。只是，刚参加工作的时候，我特别有优越感，毕竟我的工作是让人羡慕的"铁饭碗"。

　　晚上回到家，我把苹果放在女儿房间，不想做饭，于是给老公、女儿发信息，说我有约，晚上不在家，然后自己一个人漫无目的地在外面游荡。女儿没有丝毫反应，倒是老公有点诧异，不过也没深究。其实想想，在喧闹的城市独自闲逛，享受着短暂的清闲，对我来说已经是奢侈的行为。并不是现实的、具体的事束缚了我，更多的是我束缚了自己。我真的想一走了之，带着自己的思想，远走高飞。

徐少波回复

"真想一走了之"，看来还是走不了。身体无法离开，那思想是否就能"远走高飞"呢？是什么让自己被"不是现实的、具体的事"束缚了思想？

身在家庭这个"局"中，想不"迷"是很难的，也许"跳出来"看一眼就能明白。

在喧闹的城市独自闲逛，奢侈在哪里？

李克富点评
你没有自己想象的那么重要

"母亲离开孩子就不能活。"这句话，可以断句为"母亲离开，孩子就不能活"，当然也可以断句为"母亲，离开孩子就不能活"。你觉得哪种断句更适合于一个青春期孩子的母亲？当然是后者。但是，有一些母亲以为自己是前者，她们真的觉得孩子离开了自己，就不能活，因此才总是和孩子纠缠着。

"其实，在孩子看来，你并没有自己想象的那么重要。如果你不在家，孩子会活得更好一些。"在门诊上我常常笑着和家长们如是说。关于这一点，家长们是知道的。不止一位家长跟我说，自己"离家出走"一个阶段后，孩子不但活得自在潇洒，甚至连做饭、洗衣服之类的家务活也学会做了。

"当那个你觉得一直依赖你的孩子突然间不再需要你，而且离开你也能够生活时，你会有什么样的感觉？"在给一些母亲做长程心理咨询时，我会这样问。"我当然会很高兴啊！"她们常常先是一愣，然后很干脆地回答。此时，我会不动声色，追问："真的是高兴吗？"我发现，很多母亲流下了眼泪。

人人都希望自己是一棵高大的树。一棵树刚开始被藤所缠绕的时候可能是不舒服的，但是一旦成为习惯，尤其是发现缠绕自己的藤离开自己就不能活的时候，那种母性的情怀就被激发出来了，为别人遮风挡雨的价值感和使命感就诞生了。

尽管父母把自己当成了那棵树，但孩子毕竟不是一棵始终缠绕父母的藤。孩子会逐渐长大，由一颗像藤一样柔软的小树，长成一棵和父母一样能够抵御风雨的大树。此时的父母一定是失落的，至少是寂寞的。不信？想想为什么我们总是对那个一口一个"爸爸"或"妈妈"地叫着的"跟屁虫"念念不忘，对那个"跟屁虫"围着我们身边转的场景记忆犹新！

心理健康的父母能够耐得住这种寂寞，像放风筝一样，把线握在手中，风筝能飞多高就放多长的线，允许并鼓励孩子离开自己去飞翔。而那些心理不健康的父母呢？他们紧握着手中的线不敢放手，总担心这、害怕那，而当孩子叛逆时，又干脆地选择放弃孩子，彻底不管孩子了。不能放手的，最终只好放弃。那些觉得孩子离不开自己，始终对孩子放心不下的父母，相当于依旧把孩子抱在怀里，当他们希望自己的孩子像人家的孩子一样去奔跑时，却没想到自己根本就没有教会孩子走路。

第6天

2014 年 12 月 26 日　周五　晴 ☀

写日记似乎也没那么难

　　写了几天日记后，我发觉写日记这件事似乎也没那么难。今天我和新阳光的老师联系，付了指导费，顿时轻松了。相信接受心理医生的指导会对自己有用，虽然暂时我还是只能看到自己的灰色地带。徐老师在咨询中告诉我，要学着站在时间的维度思考问题。我如果能站在十年后的那个高度，回过头看看现在，肯定会会心一笑，领悟到人生是如此丰富多彩，恰是那些经历，成就了现在内心丰富、淡然恬静的自己。说实话，我当时听完后，实在不知道自己能否在十年后微笑着回忆现在的一切。也许真的是我有心理疾病了。但不管如何，我先坚持吧！

　　今天上班，领导下达命令，必须尽快上交年终总结和明年的工作计划。如果每年能像写年终总结这样去总结一下生活、家庭、孩子，是不是更有利于女儿的成长呢？现在的女儿除了每天混迹于酒吧、KTV 之外，估计就没什么事可做了吧。想想前几个月，我花钱找私家侦探跟踪女儿，拿到的那些视频、照片，虽然验证了我的某些猜测，但最终吃到苦果的人还是我。那种天塌地陷的感觉，我真的不希望自己再经历一次。

2003年的时候我和老公闹离婚，那时候虽然心力交瘁，但也没有这种无力感，感觉只要女儿在我身边，我们娘俩绝对不会低人一等。现在虽然保全了家庭，我却如此迷茫。想来想去也不知道我怎么就把好端端的日子过到这种田地。

下班后，我又不想回家，于是开车去看婆婆。婆婆一直对我很好，时常告诉我，她儿子是多么倔，是个牛脾气，让我多包容他，总是和我站在同一战线。从这点上来说，我想我是幸运的，遇到了一个好婆婆，没有体验到别人口中的婆媳之争。老人毕竟有近七十年的人生阅历，总能洞穿我的心，字字句句都能说到我的心坎里。我感到有点心酸，但强忍着眼泪，不希望婆婆牵涉其中。

回到家，我径自洗漱回房。现在的家真的像一个冰冷的牢笼，像监狱一样，犯人间的交流很少，有时候静谧的气氛足以扼住自己的喉咙。行吧，又过了一天，离解脱又近了一步。

徐少波回复

也许，此时你回的不是"家"，而仅仅是一个可供安歇的房子。家庭的幸福程度，与房子的大小无关，与装修的豪华程度无关，总之，与可以看见的一切物质都无关。家，只与情感相连，相恋！家，是心与心沟通的地方，是由家人之间的真诚、理解与接纳构建的！家人之间，不需要论对错，也不需要讲道理，只需要拥抱。同一所房子，可以成为家，也可以成为牢房，主动权在我们自己手里。为自己营造一个温馨的家吧，无关他人，至少要有一个下班后愿意待着的地方。

李克富点评
日 "记" 不难，难的是 "日" 记

在读了《三个月改变孩子一生》后，很多家长知道了一种方法：坚持写三个月的日记就可能让孩子改变。于是，这些家长就像找到了灵丹妙药一样，信心满满且心情激动地开始了尝试。遗憾的是，90%的家长并不能坚持。在刚开始写日记的一段时间内，他们发觉坚持写日记似乎没那么难。可他们没有想到，写日记本身不难，只要会写字、能记录就可以完成，难的是每天写、每天记。因此，每当有父母在我面前表达想要尝试的想法时，我总会给他们"打预防针"，说日"记"不难，难的是"日"记。

和那些完成了三个月日记的父母交流，他们总会感慨万千：一开始觉得写日记这件事很简单，后来才发现这真的不是一件容易的事！有多少次，他们也曾经想放弃，但最终还是坚持下来了。

只有那些坚持下来的人，才有资格感慨，也才能体会到"三个月改变孩子一生"的奥秘所在。坚持，靠的不是能力，而是毅力。毅力是一种意志行为，它具备三个要素：明确的目标，克服困难的过程，目标的实现。那些能够坚持写三个月日记的父母，目标一定是明确且不会动摇的，正是因为紧紧盯着这个目标，他们才没有放弃。

很多家长承认，在写日记的过程中，遇到的最大困难是克服不了自己的惰性，尤其是在情绪不好的时候。所谓"忙起来就忘了写"或者"不知道该写什么"等，只是为自己的懒惰找借口。如果父母都完成不了自己承诺完成的事情，却让孩子去履行承诺，这无论如何都有一些难度——言传毕竟不如身教。

人只要活着，就会经历情绪的波动。人人都有情绪高涨和情绪低落的时候。当然，谁也都有忙的时候和闲的时候。在情绪低落或忙碌

时，能否依旧按部就班地完成计划之内的事情，所衡量的是一个人自我管理能力的高低，而这种能力的高低所反映的是心理健康水平的高低。

　　虽说"良好的开端是成功的一半"，但开端只是开端，一半不等于完成。就像举办婚礼时的激情、新鲜感、鲜花、掌声、海誓山盟等，可以让婚姻一时臻于完美，之后的日子却得一天一天过下去，日复一日。读读家长们写的日记，基本上是流水账般的重复。只有那些亲自写过的人才知道这些并无可读性的文字里所渗透着的心血。"日"记，很难！

第7天

2014 年 12 月 27 日　周六　晴 ☀
女儿说我生病是自找的

今天休息，可我五点多就醒了，辗转反侧，老公被我吵醒，张口就是一顿指责、抱怨。我背过身，眼泪又不争气地流下来。刚怀孕那会儿，我每天半夜都睡不踏实，翻来覆去。老公即使困得接近不省人事，也要抱着我，拍打我的肩膀。那个安全、厚实、温暖的肩膀，现在已不复存在。就像徐老师说的，不是我老公的错，而是我太执着，活在过去的幸福里不愿意出来。

上午我开车到美容院做护理，给我服务的小姑娘说，我的左胸似乎有肿块。我心里咯噔一下。完了，难道我真的要如愿以偿了？我没心思再做美容，直接到医院做检查，检查结果是轻微小叶增生。医生建议不吃药，让我多散散心，少生气。

俗话说"病从口入"，其实是"病从心起"。下午四点多才到家，我跟妈妈打电话说自己病了，得到了妈妈的关心。这一刻，我似乎又变成了无忧无虑，有人疼的小女孩。

之后，我给女儿发了一条信息："我做检查显示小叶增生，医生让我少生气，你自己也多注意。"结果女儿回了句："你就是自找的。一点都不盼我好！"若是女儿在我面前说这句话，我肯定会扇女儿的脸。那一刻，我气得浑身哆嗦，眼前发黑，可是没什么发泄的途径。看来，日记只能成为我的精神垃圾收集场。

晚上老公回来，跟我说，前几天女儿问他要了五百块钱，说是有事随份子。我说女儿已经问我要了八百。老公默不作声。过了几分钟，老公突然说："女儿会不会出事了？"我不知道老公怎么想的，反正我对他说出这样的话感到吃惊。随后给女儿打电话，她关机了。每个周末女儿都处于无法联系的状态。算了，顺其自然！

徐少波回复

是什么原因让一个人愿意去做一件事情，比如爱另一个人，努力工作，在外应酬，和朋友们疯玩，回家……说出来挺简单，因为他感到快乐！或者说，和做另一件事情相比，他遭受的伤害会少一点。知道了原因，也许当我们再想让别人去做某一件事情的时候，会想出更多的方法。

身体是本钱，你定要多加爱护！

李克富点评
日记，精神垃圾收集场

我觉得把日记说成是自己的精神垃圾收集场，是一个很恰当的比喻。尽管，在写日记的过程中，我们不仅能收集垃圾，还会遇到宝藏。

精神垃圾更多的是指负性情绪，它所反映的是我们内心的需要没有得到满足。借助于文字，把这种负性情绪表达出来，绝非只是"抑郁""生气""愤怒"等简单的概念，更多的是把身体的感受转换成理性的逻辑，使负性情绪得以象征性的宣泄。

如果女儿惹你生气了，最直接也是最解恨的表达方式莫过于甩手给她一巴掌，这种方式被心理学称为"付诸行动"，属于一种极不成熟的防御机制。很多孩子就是用这种方式来表达愤怒的。待孩子长大，心智开始成熟，动手打人的方式开始被语言羞辱或谩骂替代。能够做到"动口不动手"的人，已经可以归为"君子"行列了。因此，我们可以说，和那些对孩子抬手就打的父母相比，那些骂孩子的父母要成熟得多。再成熟一点的父母呢？面对惹自己生气的孩子，他们会忍着，让骂或打停留在心理层面，因为他们知道，骂孩子其实是在骂自己，打了孩子，心疼的还是自己。血缘是割不断的，打和骂，都是因为亲。

我想，没有比通过书写来宣泄情绪更为成熟的宣泄方式了。写日记，并不是把想骂的话写出来，而是记录那个惹自己生气的事件以及该事件所引发的情绪反应。事件是一种客观存在，一旦发生就成为过去式，再也不会变化。但情绪反应则是主观的，会随着时间、地点、认知、心理成熟度的改变而改变。一旦把让自己生气的事件及自己的感受写出来，一些人就不那么生气了。在心理学上，这是一种技术，叫作"促使事件与情绪分离"。心智成熟的人会自动使用这种技术。心理医生会运用这种技术来帮助那些心智不成熟的人实现事件与情绪的分离，从而记住历史（事件），忘记仇恨（情绪）。

我曾经看过不少人的日记，里面记录着自己所受的屈辱和内心真实的想法。如果把这些想法变成行动，伦理和法律会毫无悬念地判他们是恶人、罪人。但是，他们的确是生活中的好人，他们的行为经过了日记这一精神垃圾场的过滤。既然离不开"垃圾"，我们就不妨试试通过写日记来过滤"垃圾"，抒发情绪。

第8天

2014 年 12 月 28 日　周日　晴 ☀

孩子大了，由她去吧！

　　本是用来好好休养的周末时间，结果全被毁了。凌晨三点多，老公的心脏病突然犯了。我拨打"120"，送他去医院。这几年，我老公每次遇到什么大点的、不顺心的事，就会犯病。对于急救流程，我算是轻车熟路，早已不是不知所措的样子。

　　上午十一点，老公输液完毕，我带他回家。老公依然有点魂不守舍："我有点坐立不安，是不是有什么事没做好？"一路上，老公说了不下五遍这句话。回到家，当我做好饭后，老公只喝了点稀粥就睡下了。我匆匆吃完，也上床躺下。我真的太累了，躺下后的感觉犹如在空气中晾晒了许久的鱼再次跃入水中。

　　一觉醒来，已经是下午三点。老公还在沉睡，睡梦中的他，眉头紧锁，手放在胸口，心脏似乎还在隐隐作痛。我许久没这么仔细地看着他。我俩刚结婚那会儿，我总喜欢盯着老公的脸看，希望能看到瞬间破皮而出的胡须，看到毛孔的收缩、舒展……十几年过去了，我现在早没了当初的闲情逸致，甚至都意识不到去观察，去看看，时光到底在我老公的脸上留下了什么。

　　下午四点多，我起来，翻阅张爱玲的书。我的那些蚀骨柔情似乎也在随着文字蔓延。我拿起手机，拨打女儿的电话，女儿的手机仍处于关机状态。现在的孩子，一点家的概念都没有。真如徐老师所说："在中国，母亲对孩子的依恋远远大于孩子对母亲的依恋。"确实如此，我相信，若是我突然关机，让老公和孩子联系不上，他们是不会着急的，还可能会把我的行为称为"发神经了"。

晚上还是联系不到女儿，我有些许紧张。在这个时候，颜面似乎真的没那么重要了，我想的都是女儿的好，那些令我胸闷的记忆都隐没别处。这次是真的发自内心地想：女儿大了，由她去吧！只要她能安全、开心、快乐，这就足够了。

徐少波回复

一个旅行者疲惫地走到了一个十字路口，不知该何去何从。他看见几个老者正坐在路口，就上前询问。一位老者答复他："往东走吧，那条路宽阔平坦。"另一位老者却说："往西走更好，虽说有些崎岖，但无限风光在险峰啊！"旅行者更迷惑了，见第三位老者低头不语，就主动请教他的意见，老者抬起头看着他，缓缓地问："你还记得为什么出发吗？"

是什么让当初的"闲情逸致"消失了？又是什么让孩子没有了家的概念？

对于这些问题，我可以给你任何你想要的答案，但那是我给你的，不是你的。就像我们借来的一件衣服，早晚要还回去。像那位老者一样问问自己："我为什么要出发？"这很难，但答案会伴随我们一生。

保重自己的和老公的身体。

李克富点评

害怕·恐惧·焦虑

丈夫突发心脏病，妻子意识到危险，处于高度紧张状态，这叫害怕。作为一种基本情绪，害怕是一种与现实相符的情绪状态，与生俱来。

经历了丈夫心脏病发作，被送往医院抢救后，妻子总是担心丈夫的心脏病再次发作，这种情绪状态已经和现实不相符，那就不是害怕而是恐惧了。

焦虑是一种指向未来的恐惧，比如做母亲的担心自己的孩子如果不好好学习，将来就不能生存下去，担心自己年老之后无依无靠，等等，这些都是焦虑的表现。

恐惧和焦虑都是一种糟糕的情绪体验，不同之处就在于前者是现在进行时，而后者是将来时。相比较而言，害怕是最容易应对的。比如妻子见到丈夫心脏病发作而自己又无能为力时，可以拨打"120"寻求帮助；再比如一个人意识到自己身处危险境地时，可以选择逃跑。就是说，当事人可以通过大脑支配躯体的方式来做出现实性的应对。

但恐惧和焦虑都是与现实的脱节，发生的地点在大脑之内，既看不见也摸不着，采用现实的应对方式难以奏效：总不能因为对丈夫心脏病发作心存恐惧就让丈夫长期住在医院里吧。也不能因恐惧吃饭会噎死而绝食吧。恐惧者就是那个"忧天的杞人"。

尤其难以应对的是焦虑，因为它不但与现实环境不符，又发生在未来，也就是时间和地点都不在当下。一旦达到了病态的程度——症状性焦虑，就不只是有与处境不相称的痛苦情绪体验了，还伴随着坐立不安、来回走动等精神运动性不安，以及出汗、胸闷、气短等身体症状，这当然也是十分不舒服的。

好在，尽管无数求助者（尤其是那些为孩子的事情而求助的家长）都说自己焦虑不堪，心中乱糟糟的，什么也做不下去，甚至坐着、站着、躺着都难受，但在心理医生的视野内，他们只有焦虑的情绪体验而没有其他症状表现，因此不能将这些合理地视为病理症状。该怎么办？让自己劳累不失为一个对付常态性焦虑的良策。无论是主动还是被动，只要让自己的身体真的太累了，躺下后的感觉犹如在空气中晾晒了许久的鱼再次跃入水中，就可以有个久违的酣眠。一旦醒来，世界都会焕然一新，你就可以心情平静地观察丈夫，想念孩子，也可以去读张爱玲的书，体会那些蚀骨柔情随文字蔓延……

第9天

2014 年 12 月 29 日　周一　晴 ☀
孩子能长大真的不容易

　　一早我将手机开机，接到了女儿的短信："我在杭州玩几天，别跟个催命鬼一样。"一股力量催着自己笑出声来，这笑声夹杂着一丝放松、一丝自嘲，还有一丝心酸。我告诉老公，女儿来信息了，他似乎也松了一口气。

　　下午，领导说，晚上组织大家聚餐，让我们各自处理好工作及家里的事务，尽量都参加。现在的我无法将精力放到跟家庭无关的事情上，应该是某些能力退化了吧！刚参加工作那会儿，我巴不得每天都有聚餐，可以明目张胆地玩到很晚再回家。看来，女儿现在的贪玩也与我的遗传基因有关。

　　如果我在女儿小时候对她不那么严苛，她也许不至于像现在这般叛逆。记得女儿上幼儿园时，不爱背古诗，只要她完不成我规定的背诵任务，必然会被罚站，还要接受我带刺的言语。女儿能长大真的不容易。

　　晚上聚餐，男同事居多，他们喝酒、抽烟，弄得屋子里烟雾缭绕。我中途退场，给领导发了一条信息，说身体突然不舒服，回家了。一路上我回忆了很多事情，有喜乐，有哀伤。想想自己的这份痛苦，真的不是别人给的，都是自己戴着有色眼镜评价他人带来的结果。我现在的痛苦，来自我的大脑，来自我的精神，跟女儿具体怎么样无关。我突然被这样的逻辑吓到，似乎我这个当妈的没了人性。

我尝试着让自己的身体感觉复苏，让那些压抑的痛苦上涌，眼泪顺着脸颊流下来。我想我的人生到目前为止都是失败的，唯一能让自己感到心慰的是，有那么爱我的爸妈和婆婆。

徐少波回复

"想想孩子能长大真的不容易。"我们又何尝不是？老话说：不养儿不知父母恩。心理学告诉我们：不养儿不知父母在养育我们的时候犯了多少错。我们也曾经是孩子，在父母的养育下长大。如今，我们为人父母。家庭教育在这一代一代的传递中，精华与糟粕并存，在孩子不出问题的情况下，一般没人会去反思。心理学，就是帮助我们把那些无意识变成有意识，以斩断那些糟粕对于我们的羁绊，继而改变整个家族链条的走向。

棋由断处生！是往前看，还是往后看？两种不同的境界，决定了两种不同的结果。

李克富点评
别让"祸不单行"的魔咒缠身

心理学家发现，一个人集中注意某一事物时，比如为孩子担忧或焦虑时，就无法再注意其他事物，因此其注意范围会显著缩小，主动注意减弱，这种情况被称为注意狭窄。

一个意识到孩子出了问题而注意狭窄的母亲或父亲，自然就"无法将精力放在跟家庭无关的事情上"了。这对诸多职业人士而言，会导致雪上加霜的恶果。

一位开公交车的司机妈妈，开车时也在想如何应对自己女儿的厌学问题，结果魂不守舍，差点酿成车祸。

一位从事管理工作的父亲，一想到自己那个不争气的儿子，竟然觉得前途暗淡，失去了以往的斗志，在工作中，不但得过且过，还不断地朝下属发火。

一些父母跟我说，不解决孩子的问题，他们就什么也干不下去，整日觉得天都要塌了。

此时，敏锐的心理医生应该及早发现问题，从而帮助这些家长打破那个"祸不单行"的魔咒。"接下来，我们说说你的工作吧。"我会如此引导。

当不能攻占被孩子所占据的那块情绪高地时，父母必须确保别再丧失自己拥有且可以自由驰骋的那块区域，因为那里可以成为一个避风港，心情烦躁时可以在那里暂时躲一躲。

因此，无论工作是忙是闲，放弃工作是困难还是容易，我都坚持让那些因孩子的问题而出现情绪障碍的父母维持工作状态，并尽可能地把工作做好。面对那些从事危险行业的父母，比如司机，我也会提出诸如"情绪不好时别开车"的建议。

意识到孩子出了问题，父母多会感受到压力。心理学把这种压力称为"一般单一性生活压力"。一个经受了这种压力的家庭尽管经历了痛苦，消耗了生理和心理资源，但成长的收获是巨大的。在生活中，对人有着巨大威胁的是"破坏性压力"和"叠加性压力"。对于前者，如车祸、地震等飞来横祸，我们无法掌控，而对于后者——同时性叠加（四面楚歌）压力和继时性叠加（祸不单行）压力，我们完全可以有所作为，比如在孩子出现问题这一压力下，努力做好自己的事情，避免工作上的失误，避免压力的叠加。

避免"四面楚歌"有些困难，但对于打破"祸不单行"的魔咒，我们还是能够做到的。

第10天

2014 年 12 月 30 日　周二　晴　☀
是你给了我坚持的力量

　　今天是2014年的倒数第二天，今年似乎特别漫长。早上我开车的时候，发现车底下有一只猫，脏兮兮的，应该是无家可归吧。女儿的影子突然又在脑海中浮现，我命令自己赶紧打住。用女儿的话说："你就不盼我点好。"下午与徐老师面谈，我提到这点，徐老师说："心'像'事成！你心中有什么'像'，而后就会发生什么来成全你的'像'。"现在看来女儿的境界很高。有时候真想把女儿打晕，拖到医院做个脑部的检查，看看她脑袋里到底装了什么不一样的东西。

　　今天算是近来心情最舒畅的一天，也许是因为又卸下了一些"包袱"吧。"如果不是你与别人合谋，没人能强加给你精神的包袱！"徐老师对我说。我活了四十多年，"合谋"这个词听过的次数不计其数，但把它放到这样的话语里，还是第一次听到，太震撼！想想何尝不是这样呢？如果你不与别人合谋，谁又能真的将精神的包袱强加于你？

　　跟徐老师汇报了我写日记的感受。起初我的感觉是迷茫和痛苦，因为没有活着的方向，也没有正向积极的因素。接下来我每天都期待看到徐老师的点评。似乎借助徐老师的点拨，我才有勇气"拨开云雾见青天"。徐老师让我一定要相信坚持的力量，相信变化正在发生，

只是暂时还没有达到我能察觉的地步。不知是什么魔力使我的脑海里只有一个"信"字。也许我真的到达了苦海的中央，"不信"就会直接沉入海底，"信"就像抓住了救命稻草一样，还有一线生机！

当我晚上回家后，老公定定地看着我说："少见啊！你今天怎么买柚子了？"除了我以外，我的其他家人都爱吃柚子。小时候我常生病，那时候不怎么吃西药，都是看中医开中药。我总是被妈妈捏着鼻子灌中药，随后她会将一块大白兔奶糖塞入我嘴里。我吃柚子也是这样的感觉：苦，而后有回甜的感觉。因此我拒绝吃柚子。因为女儿和老公今天晚上回家吃饭，所以我才买来给他们吃。我也像徐老师说的那样去实践——尝试去欣赏、迎合我的生活，而不是与他人比较，否定自己。徐老师真的不愧是心理专家，即使再愁肠百结，也会被他能够逆转思维的"大实话"化解。

今天以完美收场，女儿很安静，老公很淡定，我很高兴！

徐少波回复

没有人可以离开他人独自存活，所以我们的快乐与悲伤都直接与他人相关，直接与他人是否满足了我们的需要相关。想得到某种东西，有两种方式：一种是直接向别人要；一种是让别人主动给。前一种方式的好处是快，不用动脑子，不用等待；坏处是违背了人类利己的本性，所以没人愿意跟只会索取的人长期打交道。后一种方式的好处是别人的给予是心甘情愿的，是可持续的；坏处是需要自己先付出，需要智慧，需要延迟满足自己对爱的需要。今天的完美收场，是因为你采取了第二种方式。

李克富点评

生活离不开别人的竞争与喝彩

在1897年，美国心理学家特里普利特通过实验研究发现，青少年骑自行车，在独自骑，有人跑步伴同着骑，与别人开展骑自行车竞赛这三种情境中，在竞赛时骑车的速度会大幅度提高。

别瞧不起这个实验的发现。实验的结论在今天看来似乎不证自明，但这是历史上第一个严格的社会心理学实验。之后社会心理学家又进一步研究，提出了社会促进（也称社会助长）的概念，它是指个体在完成某种任务时，会因为有他人在场而提高效率。

社会促进有两种效应。第一种叫结伴效应，指的是在结伴活动时，个体会感到社会比较的压力，从而提高工作或活动的效率。第二种叫观众效应，即个体在从事活动时，是否有观众在场，观众的多少及观众的表现对其活动的效率有显著影响。

以上内容就是心理咨询师要及时且认真回复咨询者的理论依据。他人在场，并非一定是有人在旁边，当事人想象有他人在场同样会产生社会促进。

很多人曾告诉我，写完日记后，就把自己当成了一个完成作业的小学生，将作业上交到老师手中，希望得到老师的赞扬。这个在场的老师来自当事人的想象，也是隐含而非外显的。

可作为专业的心理医生，所看重的并非对日记好坏的评价本身，而是坚持每天或者规律性地给予回复，这种回复是与当事人始终保持着连接，是对其付出的积极回应。付出可以没有回报，但不能没有回应。所谓结伴效应和观众效应，本质上都是一种回应。

在《三个月改变孩子一生》中我曾写道：数据统计让我们有了新的发现，那些答应写日记并最终坚持下来的人数，竟然和我们对其日记的回复次数和认真程度成正比！也就是说，我们回复得越及时、越认真，一些人就越能够坚持。对那些坚持下来的家长进行访谈，得到基本一致的答复：日记一被发出去，就急切地盼望着得到专家的回复，一旦受到一点指导和鼓励，就更愿意写下一篇日记……我们为此发现而惊喜。这意味着，我们找到了一种在临床上可操作并可控制的方法：用我们的努力和意志，提升对方的意志力，进而达到双方设定的目的。再后来，这个发现被不断验证，确定无疑。

第11天

2014 年 12 月 31 日　周三　雪　❄

负面的情绪像墨汁，能够迅速浸染雪白的纸

　　昨晚睡得很踏实，早上老公叫了我三次，我均应声后继续熟睡，最终醒来时已经是上午9：30，开车到办公室时已经上午10点了。到领导那里献了一下殷勤，主要目的是打探迟到的后果。一切安好！

　　想到今天是2014年的最后一天，刚刚萌发的兴奋与喜悦一下子消失了。我觉得自己挺让人捉摸不透，情绪时而高昂，时而低沉。可能这就是徐老师在讲座上所说的情况："有些妈妈情绪不稳定，狗一阵猫一阵，那她养的孩子就特别容易焦虑，因为孩子不知道下一秒钟妈妈的情绪会如何变动，所以，孩子会时刻警醒、时刻揣测……"在讲座上听到这句话时，我的心突然收紧，脸色顿时煞白。一直以来，我都坚决否认自己情绪不稳定。我的情绪之所以时好时坏，主要是因为受到外在发生的事情影响。

　　在下午的工作会议上，领导标榜业绩，沾沾自喜，参会的大多数同事心不在焉。突然想到，成人开个会都容易三心二意，为什么孩子上课、做作业时稍一走神，我们就受不了，非要借机大肆教育孩子一番！

晚上我一个人在家，越发感受到一种前所未有的无价值感，想想这篇日记，又被自己搞砸了。负面的情绪像墨汁，能够迅速浸染雪白的纸。写到这里，我突然想起，今天下雪了，但我竟然没有写到雪。我不知道为什么会将雪遗忘，好在放笔前突然想起雪。美好的事物与不美好的事物一样，都容易被忽略与压抑。当我忽略与压抑美好时，总有人提醒我不要身在福中不知福。那些被忽略与压抑的痛苦呢？对于痛苦，忽略与压抑是错误的应对方式，还是最好的应对方式？

徐少波回复

相对于不美好的事物，美好的事物更容易被我们忽略和压抑，比如爱与恨，我们更容易记住恨而忽略爱；相比于孩子的优点，缺点更容易进入我们的视野并引发进一步的批评教育，比如我们更容易注意到孩子做作业走神，但实际上孩子认真做作业的时间是更多的。

意识的容量是有限的，也就是说在关注不美好的事物、关注孩子的缺点时，美好的事物与孩子的优点就会被自动地挤出视野，久而久之，我们就会认为美好的事物并不存在，孩子也没有优点。一块地，要么主要长草，要么主要长庄稼。但庄稼显然没有草的生命力顽强，所以庄稼需要我们精心呵护！

李克富点评
坏情绪与好情绪

如果你曾像我这样对自己的情绪做过监控，就不难发现情绪是处于波动状态的：上午，情绪好得忍不住放声高唱；下午，则可能因为一件小事情绪低落到伤心落泪；晚上，情绪则可能又会高涨起来，约一帮朋友吃喝玩乐。这种监控只能发现情绪在上午、下午和晚上的变化，若再细化，以"小时"为单位监控，同样会发现此小时和彼小时的情绪也会不同。情绪每时每刻都在变化。

我们都喜欢好的情绪，都不希望自己的情绪变坏。遗憾的是，一些人没有意识到，好与坏是对立且统一的，任何事物都包含且离不开它的对立面，好的情绪自然也包含且离不开坏的情绪。心理学家把这种两极对立的特性，即每一种情绪的变化都存在着两极对立的状态，叫作情绪的两极性，例如，有喜悦就有悲伤，有爱就有恨，有紧张就有轻松，有激动就有平静。

情绪两极性的存在，为临床心理医生们提供了管理情绪的可能，并最终发展出能够控制情绪的技术。对于一个心理健康的人而言，此时坏情绪的出现就意味着彼时好情绪的诞生，这种情绪的变化只是一个时间问题。其实，当一个人意识到自己的情绪不佳时，他已经开始从这种负性情绪中脱离。此时不要试图压抑或消灭这种情绪，而是体验一下这种情绪的存在，或者再深入思考一下：是什么事件导致了这种情绪？在这种情绪背后是哪种需要没有得到满足？那么，这样做就会大大缓解负性情绪。

负性情绪就是一条追着我们狂吠不止的狗，它之所以追，是因为我们跑。追和跑，既对立又统一。如果我们能够停下来，它也就不会追了。当然，最简单的方法是喜欢而不是厌恶那条狗，具体操作是预测和盼望负性情绪。

对于那些处于负性情绪当中的求助者，我会很直接地警告："相信我，接下来，你的情绪会越来越差！好好体验一下这种更差的情绪，然后告诉我。"

那些相信我并做好准备去体验更差情绪的人，反倒立马觉得情绪开始变好了。这不难理解。当你期待"更差"的时候，其实已经接受了"最差"。既然情绪已经是"最差"，接下来就只有变好了。物极必反嘛！心理医生建议你：不要和自己的负性情绪搏斗，要学会与其和解并试着接受它。

第 12 天

2015 年 1 月 1 日　周四　晴　☀

遐想总是美好的

　　新的一年的第一天，我睡到上午十点，准确地说是赖床赖到上午十点。我不知道老公是什么时候回来的，他还很自觉地睡在客房。手机上有好几条祝福短信，没有女儿的短信。一样，我也没给我妈发短信。似乎我有很正当的理由，老人家不会看手机短信。一切静悄悄的。

　　记得以前每到节假日我总是很兴奋，可现在，节日似乎不像上班那样能给我带来内心的平和。一闲散下来，一些"蚀骨的虫子"似乎就会复活，搅得人浑身不自在。我打开电脑，看了几集热播剧《武媚娘传奇》，宫廷斗争的情节似乎特别能引起女性共鸣。不知那些现实生活中的"狐狸精"看到剧中的女人如此争斗，会做何感想，是为弱者鸣不平，还是与奸诈狡猾者同仇敌忾。也许，我这么想，出发点就错了。每个人的追求不一样，追求本身并没有对错，能让自己心平气和、满足，也许就是成功的。

　　从早晨到晚上，我只吃了一个橙子、一个苹果外加一份吐司，似乎也没饿着自己。看来，吃得多并非身体所需，而是精神需要。以前女儿吵着闹着地要减肥，每次都被我连珠炮似的训斥，总以为她吃得那么少，身体肯定受不了。看来真的是我错了，错在太自以为是，忘记了人还有生的本能。真像现在网络上所说的，"有一种冷，叫你妈认为你冷"，其实，也有一种饿，叫"你妈认为你饿"！

下午我在阳台上看书，看到"死生契阔，与子成说。执子之手，与子偕老"，不自觉地又开始黯然神伤。还记得青春年少时的那些美好遐想以及曾在现实中遇到过的美好……在一声叹息后，我的思绪又回到了现实。

徐少波回复

遐想总是美好的，简直可以说是完美的，这无可置疑。但现实总是残酷的。残酷来自何方？来自与遐想比较之后的落差！生活就在那里，不好不坏，不偏不倚。遐想带给我们希望，慰藉我们的心灵，但生活更需要用我们的双手去创造。有一种现实，叫"我认为的现实"。

李克富点评

至少要做好四件事

在一些讲座结束时，我习惯送给听众四句话，讲的是评估或保持心理健康的四件事。

第一件事情是该吃的时候吃，该睡的时候睡。一个该吃的时候吃得下，该睡的时候睡得着的正常人，心理健康水平不会太低。这句话背后的意思是，要保持生活的规律性，不要轻易打破它。当意识到自己该吃的时候却吃不下时，你坚持吃一点；当意识到自己该睡的时候睡不着时，你要像往常一样躺到床上。

第二件事情是一个人至少要有一个朋友。朋友真的不在于多，而在于知心和交心，在于关键时候能够伸出援手，哪怕不是主动提供帮助，也得做到不能拒绝或见死不救。在生活中遇到过困难的人一定有所体会，即使按照这种并不高的标准来衡量，真正称得上"朋友"的人并不多。可喜的是，哪怕只有一个，就多了一份亲人之外的社会支持。

第三件事情是一个人总得有一个爱好。心理学研究发现，在生活中，相比于没有爱好者，有爱好的人在遭遇打击后的心理康复时间要短得多。面对那些无论是孩子还是婚姻出现了问题的求助者时，"你有什么爱好？"是我必须问的问题。

请注意，我问的是爱好，而不是兴趣。尽管兴趣和爱好都是一种社会性动机，但兴趣只是某种心理倾向，指向的是对某种对象的认识，爱好则指向某种具体的活动，比如有人爱好瑜伽，有人爱好摄影，还有人爱好购物和美食。

处于抑郁情绪状态的求助者，兴趣当然会降低，甚至丧失。但是心理医生还是能够通过要求或指导求助者保持自己的某些爱好来调节情绪。广泛的爱好，本身就可以成为对抗不良情绪的良药。

第四件事情是做好本职工作。这一点可以作为对求助者提出的一个硬性指标要求。当孩子或婚姻等出现问题时，很多人因此影响了自己的本职工作，还有人干脆放弃了工作。本职工作是一个人的生存依靠，牺牲本职工作的后果常常是不该失去的也没有了，致使情况雪上加霜。

一个赖床到上午十点，能够连续看几集热播剧，吃了橙子、苹果和吐司，并因"死生契阔，与子成说。执子之手，与子偕老"而黯然神伤的母亲，心理健康水平一定是高的，走出当下困境的能力一定是有的。当然，这暂时的愉悦和放松，并不能掩盖她在时间长河里受到的煎熬。

第 13 天

2015 年 1 月 2 日　周五　晴　☀

多想找个人依赖

　　放假第二天，我决定出去透透气，给自己列了以下计划：先去美容院养护头发，然后去喝咖啡，晚上看电影。

　　养容院给我做头发的小姑娘问我近期睡眠是不是变好了，我反问她如何知晓，她笑着说感觉我的头皮挺放松。一句这么简单的不知真假的话，似乎就把乌云后的太阳拉了出来，在阳光下的感觉真的好过乌云密布时的。

　　我半年多没来这家店喝咖啡了，坐下不久，就看到一个外国人在静静地看《徐志摩文集》。不自觉地想到，假如是我拿着一本国外原版文集读，怕是根本无法领略作者想表达的意境，入眼的仅仅是一些熟悉的单词而已。之前每次来这家咖啡厅，我总会听到喜欢的歌。这一次，似乎抒情的曲子更多。脑袋里源源不断地浮现着近半年来发生在我和女儿之间的故事。我顿时没了兴致，收拾一下东西，结束计划，开车回家。

　　家里没人，我打开电视，放任自己哭出声来。我发现自己有个问题：每当面对这样的情绪时，我会第一时间寻找"救命稻草"，想找个人依赖，似乎有了靠山才会踏实很多。这是不是严重缺乏安全感的表现？或者说，我本来就是一个外强中干的人。

我给女儿发信息：有时间回家吃饭，自己在外，注意安全。女儿没有回应。其实，相比较而言，我更愿意承受她恶语相对的回复，最怕的是没有任何回应，那着实让人抓狂。

休假中的我比上班时的我更像行尸走肉，心有点痛，搁笔吧。

徐少波回复

走夜路时，如果身边有个人吵吵嚷嚷、打打闹闹，便不会害怕。自己一个人走夜路时，虽说安静了，但那份恐惧却实实在在地折磨人。

未来总是不确定的，每个人的经验又总是有限的。在现实生活中，我们都像是那"骑着瞎马的盲人"，或是在黑夜赶路的旅人。我们需要他人，需要靠山。我们无法控制现实，却可以自由选择对待现实的心态。其实只有一条路，那就是去勇敢地面对，因为没人想让乌云布满生活！放假的日子，一个人的日子，可以离自己的心更近，虽说会疼，但疼过之后便是成长！

李克富点评

依赖是怎样形成的？

一个孩子呱呱落地，虽然伴随着脐带被剪断而离开了母体，但是离不开母亲。发展心理学把婴儿与主要抚养者（通常是母亲）之间最初的社会性连接叫作依恋，这是一个人情感社会化的重要标志。

其实，依恋就是对母亲的依赖，是婴儿在和母亲的交往过程中逐渐建立起来的母婴互动关系。进一步研究发现，依恋分为安全型依恋和非安全型依恋，后者又分为回避型依恋和反抗型依恋（矛盾型依恋)。

那么，问题来了：既然依恋是母婴互动的结果，那么当出现不安全型依恋时，责任在于谁？是母亲，还是婴儿呢？得到一个肯定的答案似乎不难——至少，母亲的责任应该更大一些。

我们可以按照同样的逻辑来看待依赖现象：那个被依赖者要比依赖者负有更大、更直接的责任，他常常是造成一个人依赖的"罪魁祸首"。

那些到了青春期仍然没有自理能力，凡事都依赖父母，甚至连自己的内裤和袜子都不会洗的孩子，长大后还会被父母们骂作"寄生虫"或"啃老族"……孩子变成这样，责任就在父母。

更多的时候，正是那些抱怨自己深受其害的人，造就了自己"被害"的命运。"搬起石头砸自己的脚""丧钟为自己而鸣""种瓜得瓜，种豆得豆，种下仇恨就自己遭殃"……这些话所指的，就是这种人。

因为没用，心理医生也就不做价值评判，也不去管依赖者和被依赖者到底谁对谁错。心理医生也不会在"可怜之人必有可恨之处"和"可恨之人必有可怜之处"之间做理论层面的纠缠。心理医生思考的是：既然依赖造成了障碍和痛苦，该如何做才能打破这种依赖呢？

遇到问题时，第一时间寻找"救命稻草"，找个人依赖，这是一种再正常不过的心理反应。问题是：你在现实生活中能够找到那根让自己依赖的"救命稻草"吗？如果找不到，接下来你又是如何解决自己遇到的问题呢？

这是一种非常有用的提问方式，为后现代心理医生所常用，目的是在求助者过去的经历中寻找促使其成长的资源。"依赖不上，我就不依赖了，我就自己做了。"这本来是一个生活常识，但对于诸多因孩子有了问题而求助的父母来说，这成了一个必须在心理医生的帮助下才能领悟的道理。"依赖"固然是个问题，可到底是谁在维持着这个问题呢？没有了维持者，那个叫"依赖"的问题还能存在吗？想想吧！

第 14 天

2015 年 1 月 3 日　周六　晴　☀

不想再给自己找麻烦

　　今天天气很好，老公在家，我约他出去兜兜风，被他拒绝了，理由是心脏难受。我没有像以前一样嘲讽老公，因为我心里清楚，他只是不愿意出去而已。家人之间少了吵架、斗气，确实是安逸了很多，但恰恰丢失了一个家最宝贵的东西——活力。似乎现在的家就是一个可供休憩的驿站，家里人一觉醒来，精神恢复，而后又出去追逐各自所需。家的意义荡然无存。

　　下午收到女儿的短信，让我给她的银行账号打一千块钱。也许在女儿的心目中，我和她爸是真正意义上的提款机，她拥有取款的密码。这一次，我真的不想再给自己找麻烦，迅速用手机银行转账过去，而后回了俩字：转好。不知道我的变化，会不会让女儿有丝毫的心疼与疑虑。有时候想想，我们这一代人，吃了苦，受了罪，但不懂享受。而女儿这代人，不吃苦，爱享受，他们才是真正意义上的人吧。人的本性不就是趋乐避苦吗？

　　写日记的时间将满半个月，虽然我是带着负面的情绪在写，但回过头来看看自己写的每一个字和徐老师回复的每一句话，似乎有一种莫名其妙的成就感。也因为有了日记让我一吐为快，我的脾气似乎也没有以前那么暴躁了。这算不算我写日记以来，最正面的自我评价？

徐少波回复

情绪是一种能量，不会凭空消失，只能通过合理的方式进行转化，如果长时间得不到释放，就会严重影响我们的身体和行为。写日记就是一种有效的转化情绪的方式。所谓的有效，指的是可以让负面的情绪得到宣泄，让积极的情绪得到强化。像唠叨、指责、发脾气等方式不仅无效，还会加剧负面情绪的聚集。心中的阴霾少了，眼中的世界自然会美好起来。

李克富点评

当一个人不想找麻烦时就麻烦了

养育孩子必定是一件十分麻烦的事情。我觉得，这应该成为每一位家长内心的基本假设。只有有了这样的假设，当真正遇到麻烦时，家长才会将其视为一种常态，也才会用一颗平常心去处理各种麻烦，而不是急得上蹿下跳却不知如何应对，或者因怕麻烦而采用了可能造成更大麻烦的应对方式。

为什么有的孩子总找麻烦，为什么有的家长总嫌孩子麻烦，为什么家里总是麻烦不断？根源在于家长不能接受"麻烦"是一种必然存在。谁也无法避免麻烦。试图躲避麻烦或一劳永逸地消灭麻烦是十分不明智的。比如，当处于青春期的女儿提出让母亲往自己的银行账户里转入一千块钱时，母亲竟然只是因不想再给自己找麻烦，就迅速用手机银行转账过去了！母亲省心，女儿高兴，反正也不缺钱，而用钱就可以消除麻烦。

可是下一次或者再下一次呢？女儿的胃口大一点，再大一点，直到母亲无力填满女儿的欲望时，又会如何？麻烦！大麻烦！大麻烦常常在不知不觉中由小麻烦演化而来。孩子也绝对不是生下来就把父母当成提款机来使用的。做父母的要警惕，要防微杜渐。

"从什么时候开始意识到孩子把你们当成提款机？"为家长做咨询时，我常常关注这个时间点。得到的答案比较一致，那就是当孩子想要的数额超出了父母的预期，或者当孩子想买的东西是父母所不允许的。

当家长意识到自己成为提款机时，孩子早已经使用这个提款机多时了。突然被告知不能再用提款机提款或不能提如此大数额的款时，孩子已经不能够接受了。于是，孩子就吵，就闹。结果呢？父亲、母亲或父母双方怕有麻烦，一次次满足孩子的需求。一次，又一次，欲壑难填。

"现在已经这个样子了，您说我们应该怎么办？"这是家长们问得最多的问题。我不说不知道，而是反问："既然事情的原因搞清楚了，你觉得应该怎么办才好呢？""干脆就坚决不给了！"父母会气呼呼地回答。我知道这话只是宣泄愤怒，没有经过大脑，也是不可能做到的。因此，当我反问"能做得到吗？"时，父母就沉默了。

对于这样的家长，我会给出一些建议供他们尝试。比如，可以跟孩子说，要数额较大的钱得提前一个月向父母申请，说明用钱的理由，待父母商量后再做决定；还可以采用分期支付的方式，然后适当地附加条件。"真麻烦。"家长们会嘟囔。可没有现在的麻烦，家长们还会遇到更大的麻烦。

第15天

2015 年 1 月 4 日　周日　晴　☀

我宁愿趾高气扬地漠视

　　节后上班，人总有些慵懒。刚到办公室就听到几个同事在分享假日的旅行体验，又是北京，又是上海，似乎今天的办公室只是他们旅行中的一个小聚点，大家分享完见闻后又可以立马奔赴旅途。年轻的时候，我也喜欢旅行。万水千山，似乎并没有给我留下深刻的印象，只是让我多了一份谈资。

　　闲谈了一上午，大家有了一个共同的结论：假期应该继续。我真做不到像一些人那样洒脱，工作几个月，赚够旅行资金，然后开始自己的行程，当弹尽粮绝时，回归故土，继续赚钱。这样似乎才真的实现了金钱的价值。而现在的我呢？虽然赚的钱远远超过近期所需，但这些钱只是作为一种象征符号存在于我的账户中。

　　中午在职工餐厅，同事们又是这一波那一波地聚在一起，边吃边聊。职工餐厅新来了一个小服务员，长得很清秀，像极了我女儿，我不免多看了几眼。小姑娘有点腼腆，不好意思地对我笑了笑。我有点难过。女儿哪怕随便找一个像这样的工作，也比在外面不务正业的强多了。

　　老公说我是贪心不足。女儿刚达到一个目标，我就会立刻设立更高的目标。只要女儿不反抗，我就会一直压榨女儿。父母对孩子大都是这样，有几个能真正做到放任自流？每每想起老公把问题都推到我身上，我就很生气，似乎他根本就没有任何责任一样。真想大骂老公一句："缩头乌龟，没点男人样！"

下午，旁边办公室的同事送来了好多家乡特产。这个同事的老家是湖南的，所以带的特产都是辣的，因为近期我的身体不适合吃辣，只能旁观。女儿最喜欢吃的零食就是湖南产的一种真空包装的清江鱼。只不过，我很少能像老公那样，让女儿放肆地吃零食。我总是告诉女儿不能吃这个，不能碰那个……虽然我能意识到自己有很多问题，但为什么就没法改变？也许是因为改变太丢面子，太痛苦，所以我宁愿趾高气扬地漠视吧。

晚上回家，看到老公和女儿坐在沙发上，女儿笑嘻嘻的。我也有些兴奋与开心，但压抑着，对女儿说："回来了？假期结束了？"女儿开心地"嗯"了声，随后把她面前的零食向我身边推了推。我的脸像是僵住了一样，笑不出来，拿起一块儿糕点塞进嘴里，糕点很好吃。或许因为女儿回家了，今晚家里才有了生机，老公的话也多了。好像今天才是我们家的新年假日！

徐少波回复

对别人的指责与批判，其实是自己内心冲突的延续。就好比一个"好人"和一个"坏人"在心里打架，只不过是在现实世界中为这个"坏人"找了一个替身，自己扮演"好人"的角色。为什么要找替身呢？因为自己和自己打不仅会显得很傻，而且会非常痛苦。"我怎么可以不完美，我的内心怎么可以有'坏人'的存在？"自己否定自己，怎么会不痛苦呢？

孩子因为年幼体弱，往往会成为我们内心冲突的受害者。"像缩头乌龟一样的男人"也会纵容我们。你压抑着兴奋与开心，更大的可能是已经忘记了如何用行为来表达自己的情绪，比如笑，比如哭。

李克富点评

想到了双重束缚

"晚上回家，看到老公和女儿坐在沙发上，女儿笑嘻嘻的。我也有些兴奋与开心，但压抑着，对女儿说：'回来了？假期结束了？'女儿开心地'嗯'了声，随后把她面前的零食向我身边推了推。我的脸像是僵住了一样，笑不出来，拿起一块儿糕点塞进嘴里，糕点很好吃。"

你是否从这段文字中读出了作者的矛盾？见女儿回家，明明是兴奋与开心，却压抑着自己，只是不咸不淡地提问；面对女儿孝敬自己的零食，脸竟然僵住了，笑不出来！如果你是文中的女儿，长期面对着这样一位母亲，又会做出怎样的反应？这不由得让我想到了双重束缚。

1956年，英国心理学家贝特森发现，有些母亲与孩子的交流呈现出一种奇怪的现象。他举例说，当一位母亲在嘴上对自己的孩子说着"我爱你"时，却扭过头不理孩子，这时孩子所受到的就是双重束缚。面对这种情景，那个身心都严重依赖母亲的孩子会无法对母亲表达自己心理上的矛盾感受。长期受到双重束缚的孩子，容易患精神分裂症。

双重束缚理论自被提出开始就备受争议。但这一理论的确让我们清晰地看到了这种让人无所适从又广泛存在的指令。比如，强悍的母亲对孩子大声训斥道："你都这么大了，在这件事情上完全应该自主做决定！"这就是对孩子的双重束缚。母亲的言外之意是："你可以自己做主，不必凡事都来问我。"但同时，她那严厉的呵斥传递给孩子的非言语信息是："你必须听我的，你根本就不具备自己做主的能力。如果你不听我的，后果会很严重。"此时的孩子就会面临两难的境地：自己做决定是听母亲的话，等于不自主；自己不做决定也是听母亲的话，还是不能自主。无论做与不做，孩子都是不自主。

双重束缚是父母给孩子设定的一种"无论怎么做都是错的"的沟通陷阱。贝特森认为，一旦深陷其中，孩子就会长期处于无所适从和失败所带来的羞耻感、罪恶感、绝望感，最终积累为精神病性的行为紊乱。这真的很可怕！更可怕的是多数家长根本就不知道双重束缚是怎么一回事，更谈不上识别了。

第16天

2015 年 1 月 5 日　周一　阴　　☁️
为什么会把孩子养成这样？

　　新的一天，我突然发烧、咳嗽，没法上班，请病假在家待着。我在迷糊中听到老公安排女儿照顾我，没听到女儿的动静。女儿后来的行为验证她当时点头同意了。

　　上午十点左右，女儿过来喊我，问我要不要去医院，要不要吃药，要不要喝水，要不要……我微微睁开眼，看到女儿幸灾乐祸的表情，真想起身抽她一巴掌。女儿看到我的气愤样儿，淡淡地说："你能记起我生病的时候你都说了什么吗？你一贯都是说，让你多注意点就是不听。怎么样，病了吧？这课也耽误了，看你怎么补！"虽然女儿说得很对，但不知为何，我这气不打一处来，恨不得立马把她轰出家门！等我七老八十时，我恐怕更受气！我强忍着闷声不吭。

　　女儿去厨房给我煮了方便面，加了两个鸡蛋，端过来时开口说："妈，其实我知道你是为我好，但你能不能尊重我？只有你尊重我，我才可能和你沟通。之前你都把我当个机器！你知道我当时为什么就走歪道了吗？因为他们对我好，只要我不愿意做的事，他们就绝对不会逼迫我做。跟他们在一起，我才真的觉得我是人，不是机器！"

　　"那你自己要有分寸。什么事该做，什么事不该做，你也要有个数！"我压住怒气说。

"我没数也是你们导致的！"

…………

晚上老公回来后，女儿像得了特赦令一样，立马收拾好自己，然后出门。我坐在沙发上发呆，老公买了些药给我。我吃完晚饭后，吃了药，舒服很多。我有点迷茫。为什么我会把孩子养成这样？都说父母养第一个孩子时是最用心的。我也算是用了全部的心血来培养女儿，却结出了这么一个"果子"，心酸！

徐少波回复

按理说，我不应该再在你的伤口上撒盐了，但"疖子不挤，脓总出不来"，所以我想再挤一把，你得忍住。

很多家长认为自己在孩子身上费尽了心思，付出了全部的心血，最后却把孩子养得"不成样子"。到底是什么导致了这种付出与收获之间的反差？是家长的付出存在问题，还是孩子本身就不是可造之材？很多家长在此时选择放弃：唉，随他去吧，权当没有这个孩子。真的是孩子错了吗？不是，孩子的所谓问题都是在成长的过程中，在和父母的互动关系中被养出来的。一句话，错在父母！

父母错在哪里？还是一句话：一些父母的所谓用心付出并不是为了孩子，而仅仅是为了缓解自己内心冲突与焦虑的本能行为，全是为了自己！更大的问题是，当孩子出现问题后，父母不敢反思自己，不敢面对自己，否则父母会背负更大的责任，这种责任足以压垮一个人。

李克富点评

为什么会把孩子养成这样？

从某种意义上讲，人人都是"后言家"而非"预言家"。也就是说，面对现在出现的问题时，我们能够从过去找到问题发生的原因，却难以根据现在的情况对未来做出准确判断。

当发现孩子不尽如人意时，从问"为什么会这样？"入手去找原因是很自然的。很多人以为要想解决问题，就必须知道问题出现的原因。如果找到了问题出现的原因，问题也就迎刃而解。殊不知，这只是一种解决物理学问题的思路，不适用于解决人的问题。权且不说根本就找不到或不能找到问题出现的全部原因，就是找到了全部的原因，这些原因也是发生在过去、发生在孩子小的时候，过去的时光早已经一去不复返，总不能让孩子和父母重新活一次吧！

因此，人们对于原因的追问常常无益于问题的解决，还容易造成无端的悔恨："如果在孩子小的时候，我有更多的时间陪伴他就好了。""早知道孩子会这样，我当初就不该在学习上那么严格地要求他。""离婚对孩子的影响太大了。"……我经常听到那些问题孩子的父母如是说。

问"为什么会把孩子养成这样？"，除了表达情绪之外，还隐含了比问"为什么会这样？"更为具体的归因倾向。从心理助人的角度看，这种追问不仅不利于问题的解决，而且已经让求助者误入歧途了。

乍一听，"孩子的心理问题并非与生俱来，而是父母养出来的"这句话似乎没错。但是，仔细琢磨一下，就会发现这句话是站不住脚的。

比如作为人格重要组成部分的"气质"，就是先天形成的，它反映着人格的生物属性，与反映人格社会属性的"性格"是不同的。一般而言，气质类型极端的人，其情绪的兴奋性容易太强或太弱，适应环境的能力也较差，容易出现包括身体健康在内的各种问题。

再比如，2014年，美国疾病控制与预防中心统计，每68个新生儿中就有1个新生儿患有自闭症，每54个男孩中就有1个自闭症患儿，而将这些自闭症孩子在成长过程中所出现的心理问题，说成是由父母养出来的，显然不合适。

无论好坏，孩子成为目前的样子一定是由多个因素造成的。任何一个心理助人者都必须避开单一归因的陷阱，采用有利于问题解决（而不一定科学或正确）的归因方式，还得坚信：用求助者的归因方式解决问题，常常是无效的。

第17天

2015 年1月6日　周二　晴　☀

慢慢让"灵魂"嵌入躯壳

　　天气好，我的心情似乎也好了许多。因为我感冒了，老公没让我开车，而是他开车送我到单位。掰指都算不出来老公有多久没送过我上班了。这难道就是因祸得福吗？那就让我一直病恹恹下去吧。

　　记得小时候，同单元楼的一个阿姨是个"药罐子"，每天都要吃药。我和她女儿一起长大，相比之下我是在蜜罐里长大的，她则每天早早地起来做饭，喂妈妈吃药，然后才来叫着我一起去上学。那时候我觉得这个阿姨天天躺着很幸福，现在明白了，这种幸福后面肯定藏着很多痛苦。

　　上午领导找我，还是关于单位先进个人评比的事情。我第一次主动放弃评比，着实让领导想不通。其实我心里也打着小算盘，以前觉得自己什么都出色，必须争这个先进。现在我完全变了，怕自己出头，怕别人提及我女儿。真不知道是面子重要，还是女儿这个人本身重要。

　　吃午饭的时候，老公突然来了，说带我出去吃，弄得我丈二和尚摸不着头脑。仔细想想，今天是我们约定的"初恋回忆日"！平时这么在意纪念日的我，这次真的没有做任何准备。我们去了西餐厅。又步入了那种高雅的环境，我走路时都不自觉地优雅了。我对老公的那种依恋又加深了。

徐老师讲课时说："爱孩子的最好方式是爱孩子他爹或他娘。"如果真是这样，我好好爱面前的这个男人，女儿就能感受到一份最好的爱了吗？不管如何，唯有"相信"才能带来正向的结果，聊以慰藉自己的心。美好的一天，慢慢让"灵魂"再次嵌入这个半老躯壳，慢慢舒展，自由自在！

徐少波回复

爱面前这个男人的最好方式，就是让他照顾你。不仅因为只有强者才能照顾弱者，更因为一个男人需要在自己的妻子面前变得强大。甚至可以这样说，一个活在妻子阴影中的男人不能被称为一个男人，因为在心理层面上，他的雄性器官已经被妻子阉割了。

爱面前的这个男人，其实就是爱自己。一个女人只有爱自己，才有资格去爱一个男人，这种爱也才可以被称为爱。想想看，一个孩子，在爱的氛围中成长，会有一种怎样的未来？

李克富点评

活在当下

理论上，可以把压力划分为一般单一性生活压力、叠加性压力和破坏性压力三种。但身处压力中的当事人，常常会认为自己所遭受的一切压力都是破坏性的或极端的，尤其是在刚开始的时候，会觉得天塌了。因此，他们中的大部分人会经历一段类似"灾难症候群"的心理反应。

灾难症候群有三个阶段。一是惊吓期，受害者对创伤和灾难失去知觉，就像通常所说的"失魂落魄"的状态，在事情发生后，往往不能回忆起当时的情形。二是恢复期，受害者出现焦虑、紧张、失眠、注意力下降等表现，相当于"后怕"，有时会像祥林嫂般逢人便说自己的遭遇。三是康复期，受害者心理重新平衡。

我不知道在当下的父母心中，是否还有比孩子出现了问题更大的灾难。在寻求帮助的父母身上，我经常会看到类似于惊吓期的魂不守舍和恢复期的各种情绪表现。也的确有不少父母，在经过了几次咨询后就会告诉我："灵魂"开始嵌入躯壳，慢慢地开始舒展。

无论别人如何，也无论你多么想去帮助别人，心理医生都是把痛苦的你先假设成求助者的，他觉得只有在你强大的基础上，你才能具有帮助别人的资本。这就是心理助人的"助人自助"原则在可操作层面的内涵。从某种意义上讲，心理医生就是运用自己的人格，并借助于理论和技术，来促使求助者自我强大的专业工作者。你的自我强大了，就可以去帮想帮的人了。"自我"是紧紧围绕"现实"来运作的，因此自我的强大离不开与现实的结合。别悔恨过去，也别担忧未来，踏踏实实地活在当下：能干什么，先干好什么；有机会享受的，也不妨先享受一把。不能因为孩子而错过每年一次的"初恋回忆日"。

需要注意的是，父母那种"以身饲虎"的献身精神固然可嘉，但这种做法容易造成更大的麻烦。比如，一旦孩子出现了问题，一些父母就全力陪伴，试图把过去失去的都补回来，甚至连正常的工作都不要了。此时的父母所付出的时间和精力，不可能转变成孩子成长的动力，反倒会让那个本就有问题的孩子感到更大的压力，结果造成孩子更严重的问题或者更强烈的反叛。原因很简单，这些父母的做法只是"陪"，而根本就没有成为孩子需要的"伴"。而"陪"，不过是这些父母缓解自身愧疚和焦虑的方式罢了。

第 18 天

2015 年 1 月 7 日　周三　晴　☀

最爱的人就在梦中

　　昨晚梦到了一个很大的舞台，女儿在上面优雅地跳着舞，我和老公站在旁边痴迷地看着。突然，有人上台，给了我一本书，让我当众演讲，题目是《最爱的人就在眼前》。我刚要开始朗读，结果纸面上的字全都不见了，纸张成了空白的。我突然觉得好紧张，脸发烫，然后死死拉着老公的手，抬头看到女儿正用鄙夷的眼神看着我，我心里特别难受，然后醒了……

　　一直对释梦比较感兴趣，但没学过如何释梦。我相信，把梦记录下来肯定能触动内心深处的某些东西。刚刚老公在身后看到我写的梦，突然放声大笑，说："你还真要返老还童啊？这都是学生们才会做的梦。我可告诉你，你若是倒着活，我可不跟你过了！"我笑了笑，没回答。在女儿回来后，老公似乎心情大好，心脏也没事了。难道我们只有仰仗着女儿才能获得好心情吗？

　　今天在单位，听到同事闲聊起领导的儿子，上大三了，突然要出国，据说是因为女朋友出国发展了。之前无论领导费多少口舌，都未能说服自己儿子出国读书。这就是爱的力量吧。爱似乎能给人的血液注入超能量，让一切都不在话下！我也萌生了把女儿送出国的想法，跟老公探讨了这个问题，他也有这个打算。试着问了问女儿，她的反应在预料之中："你们就这么想把我这个包袱抛开！如果我出国了，你们就不用担心我害得你们没面子了吧。"话题至此结束。

我有点茫然，在思考一个问题：人的追求到底源于什么？是源于内心的真实需求，还是源于外在的比较，抑或是其他？我一直认为自己是一个有追求的人。但想到这，我想我的追求只能被定义为最基本的需要吧！每个人也许真的有自己的预定的轨迹，不关乎其他。若是这样，那真的是要人命了！

徐少波回复

难道我们只有仰仗着女儿才能获得好心情吗？这个自问很深刻，也是很多家庭面临的情况。更应该说，孩子之所以出现问题，是因为这个自问所隐含的问题。

两个独立个体结合后组成了家庭。随着孩子的出生，一些父母在无意识的情况下，把所有的注意力转移到了孩子的身上，一切以孩子为中心。但是，这种爱的倾注对孩子来说太浓、太厚重，孩子感受到的爱渐渐变成了压力，变成了束缚。这种浓度过高的爱会压缩孩子独立成长的空间，使之"喘不过气来"。当孩子渐渐有些能力的时候，他就会想办法冲破这种束缚以获取自由的空间。而且，孩子的这种努力往往是不惜代价、不计后果的。

有时候，少一点爱，也许才是真爱！

李克富点评

对最爱的人视而不见

民间所言的"日有所思，夜有所梦"，和弗洛伊德所说的"梦是愿望的达成"，其实是一回事。我们的梦，反映着心灵深处的欲求。通过对梦境的反思，我们可以得到某种启示。

心灵深处的欲求，就是无意识的欲求，它一般不为当事人所理解，但是只要当事人能够相信，就能有所领悟。在母女之间，不是只有爱与被爱。生命的更迭规律，决定了母亲对女儿所有的爱只能指向一个目标：让女儿离开自己，到一个男人身边，去为人妻、为人母，去经历和自己一样的酸甜苦辣。

一想到这种无法逃脱的必然结局，母亲自然会"恨"从心头起。看到女儿不再像小时候那样依附于自己，看到女儿有了自己的玩伴，甚至男友，做母亲的也会心生宛如"情仇"般的嫉妒。在精神分析的视野下，青春期母女之间争斗的本质就是一个母亲对于自己命运的抗争，她所有的努力都是避免女儿跳到人生的"火坑"里去。

当然，这一切都是在无意识中发生的，母亲本人是无法理解的。这就像她无法理解爱和恨不过是同一种情感的两极状态，恨只是爱的另外一种表达形式。冰，是凝固的水。恨，是凝固的爱。冰是水，恨是爱。

"最爱的人就在眼前"，真的只是一个"题目"。我们从小就被教育着记住了太多这样的题目，诸如"生活是艰难的""珍惜当下的拥有""爱孩子就是陪陪、亲亲、夸夸、抱抱"之类。但是，在现实生活中，又有几人能够给这样的题目赋予实质性的内容，把头脑中明白的道理变成实际的行动呢？每个人都有无数次，当下定决心将头脑中所想的付诸实践时，却发现现实远非像自己头脑中所想象的那样简单，因而浅尝辄止或止步不前。于是，生活依旧是一张空白的纸。我们对"题目"的内容依旧视而不见，无所作为，却还心安理得。

在彼时彼刻的梦中，这位母亲能够感到"好紧张""脸发烫"和女儿鄙夷的目光，这就是一种无意识的觉醒。我想，有了这种深层次的觉醒，就不难领悟到：人生本来就只是一个有关命运的"题目"，内容是由自己创造并书写出来的。只有自己书写的内容，才是永恒的存在，其中有无数的段落值得我们大声朗读。更让人欣慰的是，梦中依然有一双手可以让你死死地拉着……

第 19 天

2015 年 1 月 8 日　周四　晴　☀

相比之下，我算是幸运的

　　今天特别值得用文字记录！早上出门，我刚到车库，就看到不远处有两只猫在打架，其中一只猫似乎很凶猛，上蹿下跳地抓挠，而另一只猫气定神闲，微闭着眼，时不时反攻一下。这一幕触动了我。老公、女儿似乎一直都处于气定神闲的状态，包容我的一切，而我这几年像着了魔似的时刻向他们展开攻势。我现在更深一步地理解了徐老师的话："真正的强者往往没有那么多把式！"之前我之所以每次气急败坏后都会产生一种一泻千里的委屈感，说到底是因为我太弱小，而我寻求把自己变得强大的方式恰恰伤害了身边最亲的两个人，尤其是女儿。

　　上班的时候，听同事谈起孩子上学的问题，我无力插嘴，真希望女儿能上得了台面，那样我的自尊才能不受伤害。不过家家有本难念的经，谁知道谁的苦呢？今天我听老同学说，我们班班花的儿子出车祸死了，心里不免一震。我们这代人到了这个年龄，慢慢地就要开始面对亲人、朋友的离世，甚至面对自己的离开。可对于小一辈的人突然离开，我们还是有些难以接受。相比之下，我算是幸运的。隐隐有些庆幸的快感！

本来我打算这周找徐老师倾诉一下，可惜徐老师的行程排得太满。这几天李克富老师要在北京开新书发布会。李老师的书，绝对值得细细品，每一句话都包含着颠覆性的思考。三个月改变孩子的一生，我正在实践的路上。不管结果如何，我相信，我的努力会有成效。更相信，只要我变了，我周围的一切也会发生好的变化。

徐少波回复

不得不说，是你在心中觉察到了"上蹿下跳"与"气定神闲"，眼中才看到了这样一幕耐人寻味的场景。也许在这之前，你无心观看，即使看了，也不会有这样的感悟。

其实，所有的"魔"都只存在于我们的心中，外界的一切都只不过是我们内心争斗的延伸而已。也就是说，当我们的心中有规则的时候，我们才会要求孩子遵守规则；当我们的心中有解不开的冲突与矛盾的时候，我们才会和这个世界、和我们的孩子发生冲突与矛盾。只要我们变了，世界就一定会变！

李克富点评
幸福与不幸是比较的结果

如果我说"天底下的父母都希望自己的儿女生活得比自己好"，大概不会有父母反对，因为"儿女是父母生命的延续"。也正因为如此，所谓"希望儿女过得比自己好"，也就是父母"希望自己的明天比今天好"，希望自己的日子是"芝麻开花——节节高"，直到永远。

自私是人的本性。心理的成长，就是一个学着逐渐由"自私"到"为公"，并把"无私"作为最高境界的过程。但不可否认的是，本性的力量是巨大的。

　　若问："你希望别人好吗？"估计你会给出肯定的回答。若问："你是希望别人好，还是希望自己好？"估计你也会轻易给出答案，尽管表面上你可能沉默不语。这个问题也可以变成"你是希望自己的儿女好，还是希望别人的儿女好？"，你可能会说"希望都好"。但是，你的这种希望在现实中是不可能存在的："好"是与"不好"或"坏"比较出来的，别人家的"好"，一定意味着你家的"不好"或"坏"。

　　因此，当发现别人家的儿女有着更为不堪的现状时，在比较之下，我们突然觉得自己家的孩子还算好，觉得自己并非世界上那个最为不幸的人。

　　一个处于不幸中的人，能够听到别人的更大、更多的不幸，是一件十分幸福的事情。比如一个正面对着青春期女儿与自己为敌的母亲，在听到了自己的同学，那个当年让自己"羡慕嫉妒恨的班花"的儿子竟然死于车祸时，比"心里不免一震"更正常的表现是"隐隐有些庆幸的快感"。有一种幸福，叫"发现别人比自己更不幸"。"相比之下，我算是幸运的。"这本是一个生活的常识，不该成为经过深入思考之后才有的深刻领悟。

　　尽管哲学家说"人是遗世独存的"，但在心理学家看来，人是一种不能离开别人而独立存在的社会性动物。有了别人的存在，自然也就有了与别人的比较，于是才有了好与坏、幸福与不幸的相依而存。

　　一位得知儿子考取了山东大学正兴高采烈的父亲，在听说自己同事的女儿被北京大学录取时，突然就不高兴了。一位只是因孩子成绩不好而苦恼的母亲，逢人便说自己的不幸，可当发现某位同事的儿子竟然有某种严重的先天性障碍后，苦恼陡然间减轻。

　　其实，我们都是社会这个大家庭中的一员，我们也都会像以上两位家长那样将自己与他人比较。知道什么时候该采用哪种匹配的比较方式，体现的不只是幸福指数，更是一个人的心理健康水平。

第 20 天

2015 年 1 月 9 日　周五　晴　☀

半夜被噩梦惊醒

　　这是我第二次记录梦了。半夜被自己的梦吓醒。梦里不知道是在什么地方，遇到了我奶奶，她面目狰狞地向我走来。我当时好像在爬山，她从下面伸手把我的腿拉住，使劲往下拽。我很怕自己滚下山，就越发用力地抓住身边的石头和杂草，手都被勒破了。我想大声喊"奶奶，放开我"，却无论如何也喊不出声音。一回头，我看到奶奶变成了可怕的骷髅，随后大叫着醒来。老公被我的叫声惊醒，问我怎么了，我没回答。然后老公抱着我睡了。

　　为了感谢老公半夜给的温暖，我特地早起，给老公做了他爱吃的肉丝面。看得出老公有些开心，问我晚上要不要带着女儿一起去吃自助餐。我也学乖了，顺从老公的提议。如果是以前，我肯定会否定老公提的每个新建议。其实每个人都喜欢被肯定。多肯定一下老公也无妨，关键是被赞美后的他有些"赴汤蹈火"的气概。

　　上班时，我的心早飞了，一会儿修剪一下办公室的花，一会儿玩一下QQ游戏。总算到了下班的点，我迅速开车回家。老公和女儿已经在家等待，一家人一起出发。一路上，女儿和老公开心地聊着，我在后排车座位上享受着这份幸福。通过一个路口时，女儿突然让老公放慢速度，然后她瞬间暴躁起来。老公问女儿怎么了，她支支吾吾说没事，只说看到仇人了。我没说话，只听到老公在给女儿讲道理。女儿似乎更喜欢听她爸爸的话。

周末的自助餐就是火爆，餐厅外面排着很长的队。我们终于可以吃了。女儿吃得不多，一直用手机和其他人聊天，眼神里似乎有些许泄愤之后的畅快，没等吃完就跑了。我跟老公聊了聊女儿最近的变化。老公倒是看得开："没什么，小孩子的愁也就一会儿，没什么大不了。再说，她也不会弄出什么幺蛾子。"我却有一丝担心。

回到家，在开门的一瞬间，老公递给我一个小礼品盒，说是惊喜，让我进了家门再看。我想笑，压抑了；想表达爱，压抑了；想给老公一个拥抱，压抑了。这就是岁月，带走了那些年的情趣。我打开盒子，里面是一对漂亮的发饰，看来老公也是用了心。对老公的这份友情、亲情加爱情，我一时还是无法用嘴表达，那就写在这里吧，希望将来有一天，当老公看到，心情也许会像我拿到礼物时这样，虽然没有说出口，但内心是被幸福团团围住的。

徐少波回复

最简单的释梦方法就是关注自己的情绪。这两次梦中的你都是恐慌的，极有可能是你在意识清醒状态下被压抑的恐惧情绪的一种变相宣泄。接受它，然后面对它，这也许是一条走进自己内心深处的捷径。我很高兴地看到整个家庭的变化。相信你也有了那种久违的美好体验。这才是生活，加油吧！

李克富点评

梦是反的

梦和醒，是人的两种对立的意识状态。只有醒来，才知道自己在睡眠过程中做了梦，因此，梦都是做梦者对自己所做的梦的记忆。心理学研究证实，这种记忆是不准确的，它不是对过去的复制，而是基于当下的构建。就是说，一个人所记住的梦，并不是他所做的梦的全部，而是其醒来后根据自己的需要对梦中的景象进行的组织和整理。

梦是一种无意识的生理和心理现象，因此，我们在睡梦中很少能"意识"到自己正在做梦。也正因为如此，我们才在梦中把"梦到的真实"当成了"生活中的真实"，感觉到梦境栩栩如生，并在梦中体验着喜怒悲恐惊。当然，的确有人说，在梦中也能知道自己正在做梦，但这种情况毕竟较为少见。

我们几乎每个夜晚都要做梦，可能够让我们有深刻记忆的，常常只有美梦和噩梦两种。这就像我们在现实生活中，每时每刻都经历着诸多事情。一段时间以后，我们能够想起来的只有好事和坏事。其中的道理可能在于，好事和坏事能够拨动我们的心弦，也就是激发我们的情感反应，从而使我们产生共鸣。相比于好事，我们更容易记住坏事，因为它当时激起的情绪反应更为强烈。

好和坏是比较的结果，一个意识到"好"的人，一定知道"坏"是什么。一个醒来知道自己做了噩梦的人，其现实生活一定要比所梦到的好得多。因为如果生活本身如噩梦一般，他一般就不会做噩梦了。理解了以上内容，我们再听一个人讲他的梦或分析他的梦就会更有意思。比如，面对一个"半夜被自己的梦吓醒"的人，我们应该和他一起庆幸：现实生活好于自己的梦境！

谈到梦，经常有人问：梦是正的，还是反的？尽管我认为这种问法很不专业，但我还是常常说："梦是反的。"梦是反着的现实，现实就是还没有实现的梦境。我说我常常梦到自己成了土豪，可以挥金如土。这等于在告诉别人，现实中的我过得紧紧巴巴，恨不得把一分钱掰开花。而一个土豪说，他经常在夜里从噩梦中醒来，梦到自己又回到了当年那段艰苦创业的岁月。当我跟他说"做这种噩梦是要有资格的"时，悟性极好的他，笑了。真的希望我也能做个噩梦，噩梦醒来就是美好的生活！

第21天

2015 年 1 月 10 日　周六　晴 ☀

睡到自然醒

　　今天睡到自然醒。老公今天没什么安排，也在家休息。女儿昨晚未归。其实，让我们夫妻俩都难以面对的问题就是女儿的前程，不能插手，也不能放弃，这种纠结就像在心头插了一根刺，碰触不得。我和老公有个共同的爱好，就是看书。只是我更喜欢抒情类的文学作品，老公则倾向于哲学思辨类作品。我们俩一起坐在阳台上，各自捧书畅读，也不失为一件生活乐事。不知在鬓发斑白的晚年，我们还能否如此相处。想必那时候的女儿，已经有了自己的家庭和儿女，能真正懂得父母的用心。

　　中午老公打电话邀朋友老张来家里小聚。老张虽与老公同岁，但至今孤身一人，过得逍遥自在。他俩有很多共同爱好，尤其在哲学思辨上，更是棋逢对手，能够互相激发。或许，我也需要有这么一位闺中密友。想想学生时代的密友，如今散布在全国各地，虽然相距千里，但那份情谊似乎就在眼前。咨询时，徐老师引用王菲的歌词"想你时你在天边，想你时你在眼前"，告诉我看到的不一定是真实的。总想努力抓住些什么，其实是由内心的不安全感导致的。

　　晚上我自己开车出去兜风。一个人的闲散时光真的是一种奢侈的享受。我相信一步步地放手会建立新的家庭平衡。

徐少波回复

"一步步地放手"，形容得非常准确。我见过很多父母在这种情况下选择的不是放手，而是放弃。虽然只有一字之差，却有天壤之别。放手，虽说极其痛苦，但意味着敢于面对现实，敢于面对自己的不完美，敢于承担由自己的过失造成的后果。放手，也意味着成长与成熟，意味着女儿与家庭的重生。一步步地放手，一步步地往前走，到鬓发斑白的晚年，和丈夫、女儿和谐相处。

李克富点评

"睡到自然醒"所透露的信息

一个人能"睡到自然醒"，这至少告诉我们两点：一是生活得比较悠闲，工作上没有太大的压力，至少不是太忙；二是在心理层面能够"把自己搞定"，开始接受现实。

本来，"睡到自然醒"就像一个人按照自己的意愿去吃、喝、拉、撒一样，是一件十分自然的事情，但对诸多现代人来说这成了一种奢侈。很多人会因焦虑而夜不能寐，很多人会因抑郁而提早醒来，很多人则是躺下睡不着，好不容易睡着后，过不了一会儿又从噩梦中惊醒。他们真希望有那种"想睡的时候就睡，该醒的时候就醒"的自然睡眠啊！哪怕只有一个夜晚！可是，没有。

因为睡眠是一种身心合一、和谐的状态，而失眠则是大脑（心）与躯体（身）冲突的结果，就是大脑想睡觉或者觉得应该睡觉，而身体正处于兴奋当中。失眠，就是大脑搞不定身体的结果。进一步外化，失眠就是一个人正面对着即将失控的局面。

"最近睡眠怎么样啊？"这几乎是我面对所有求助者时必须问的一个问题。问这个问题的目的也很明确，那就是判定其情绪状态，因为"一切由非器质性病变引起的失眠都是情绪性的"。一个失眠的人，一定正被某种不良的情绪困扰，而不良情绪的背后，必然对应着某种需要没有得到满足。顺着这个思路，我一般能够找到求助者内心的需要。

关注失眠，并顺着以上思路探寻，能让一个心理咨询师迅速聚焦于求助者的欲望。一旦明确了求助者的欲望，就能确定咨询目标，接下来实现目标的途径也就不像求助者既往所选择的那样单一。条条大路通罗马。办法总是能够被找到的！无论是领悟性咨询还是支持性咨询，遵照的路径大体如此。说"心理咨询就是协助求助者满足其内心的欲望"，大体上也不会有错。

一个心理健康的人能够做到"三受"：顺境下能够享受，逆境下能够承受，绝境下能够接受。因此，对于一个能够"睡到自然醒"的人，我们也可以做出"他已经接受了现实"的判断。这很重要，意味着当事人不再做"强迫性、重复性"的无用功，不再害人还不利己地瞎折腾。

"春有百花秋有月，夏有凉风冬有雪。若无闲事挂心头，便是人间好时节。"人间最好的时节，就是睡到自然醒。能"睡到自然醒"的人，是一个心理健康的人。

第 22 天

2015 年 1 月 11 日　周日　晴　☀

女儿闯祸了

　　早晨我被女儿的哭声吵醒，跑出来，看到她房间的门半掩着，她坐在床上，浓妆花了一脸。我没敲门，直接推门进去，女儿的样子越发让我讨厌化妆品。我本来想像连珠炮一样地问一通，但控制住了，提醒自己"用行动问，不要用嘴巴问"。我揽住女儿的肩膀，轻拍了一下。女儿说："妈，我昨晚犯事了，把安姐的服装店砸了！"我不知道怎么回答，默不作声。女儿口中的安姐，就是她在暑假认识的那个女人。

　　女儿以前很乖巧，自尊心很强。刚复读时，女儿很自卑，总觉得别人都用鄙视的目光看自己。所以，那段时间，女儿没有朋友，天天闷闷不乐。而我也不懂女儿的心思，一味强制她学习。就在这时，女儿被小安盯上了。小安经常带女儿去咖啡厅、游乐场谈心，一步步把女儿带入了深渊。

　　女儿说昨晚遇到小时候关系很好的玩伴，聊了很多，她特别恨安姐把自己拉入那个圈子。后来女儿喝了很多酒，无意间发现安姐开的服装店。据说安姐现在已经改邪归正，自己做生意了。借着酒劲，女儿打电话叫了几个男人，一起把安姐的店给砸了。

我还没来得及安慰女儿，就听老公在我身后大声说："这有什么好怕的，没事，兵来将挡，水来土掩。"有了父母的支持，女儿似乎安心了很多，洗漱后躺下睡觉。似乎这样的场景只在女儿上幼儿园的时候才有过。不知道是感动还是心酸，我想哭，也希望能有一个安全的港湾。

下午女儿起床，吃了饭，没说多余的话就回到房间，关了门。老公让我和他一起带女儿出去散心，我心里有点不乐意，但还是去做了。女儿平淡地答应了。一家三口开车去了海边，在海边默默地走来走去，冰冷的风让我们一家三口不自觉地用力挤在一起，老公后来左搂右抱，将我们娘俩拢在一起。这样的场景似乎是我从很久以前就一直期盼的，总觉得人生有这些亲情就够了。

一天就这么过去了。今天对自己最大的肯定是我安静了很多，降低了语言表达的欲望。我也感觉自己这样的变化似乎正在给家庭带来不一样的气氛，对未来又多了一些美好的期盼。

徐少波回复

曾经也是孩子的我们，多么希望父母能和我们"穿一条裤子"，能成为我们坚强的后盾与温暖的港湾，而不仅仅是关注我们的成绩，逼着我们学习！今天，安静了很多；今天，降低了语言表达的欲望；今天，揽住了女儿的肩膀；今天，一家三口去了海边；今天，不自觉地用力搂在了一起！变化已经发生，正在发生，也将继续发生！

李克富点评
家是避风的港湾

这个比喻没错：家是避风的港湾。可一个人能否拥有这样的港湾呢？这个港湾能够在我们需要时发挥作用吗？

心理医生不应去关注一个青春期的孩子闯了多大的祸，而应关注在孩子闯祸后，身为港湾的父母或家庭，是如何应对的。也可以说，正是通过这种应对方式，才可以检验父母或家庭是不是孩子的"一个安全的港湾"。无论如何，女儿酒后带人把人家的服装店砸了，不是一件小事。酗酒、聚众闹事、诉诸暴力，这三件事中的任何一件，都反映了一个孩子的品行不良。遗憾的是，女儿就是一个有着如此不良品行的孩子。

一个青春期的孩子，在外闯了祸后知道回家，说明在孩子心中，家是一个可以避风的港湾，尽管不一定温暖，却可以提供足够的安全感。难能可贵的是，闯祸后，孩子能够主动向父母说，而不是掩盖或拖延，不是直到不得不说时才被迫告诉父母，这说明孩子及时意识到了问题的严重性，希望得到父母的庇护、帮助和支持。透过这些表现，一个心理医生应该看到：孩子对父母有着足够的信任，抓住并利用这种极其难得的信任，可以把这次"危机"事件中的"危险"变成可遇不可求的"机遇"，以促进亲子间的良性互动，扭转不良局面。

这对父母做得很好，给了女儿积极的回应。母亲能够抑制住自己质问的冲动，"揽住女儿的肩膀，轻拍了一下"，得知事实真相后不是指责而是"本想安慰"；父亲则表态"这有什么好怕的，没事，兵来将挡，水来土掩"。这都是对身处恐慌中的女儿的最大支持——不是支持女儿闯祸，而是为闯祸后的女儿提供情感慰藉。

但很多父母并没有处理好这种情况，他们在极力压制着内心恐慌的同时，要么暴跳如雷，对孩子打骂指责，义正词严地先把责任推出去；要么给孩子讲诸如自己的事情自己处理，自己要对闯的祸负责等大道理。更有甚者，一些父母用讽刺挖苦的形式，证明自己的正确和孩子的错误，表达着这一切都是孩子不听话的必然报应，是活该。这些父母是心理咨询师重点帮助的对象。由于心智不成熟，他们在得知孩子闯祸后首先启动了一种不成熟的防御机制。这种防御机制暂时阻断了孩子闯祸带来的恐慌，经压抑后这种恐慌转变成了理智或愤怒，它的专业称谓就叫"情感隔离"。在孩子最需要情感支持的时候，父母却隔离了自己的情感而给出了一通大道理。这样的父母，只能让孩子体验到什么才是真正的"雪上加霜"或"落井下石"！

第23天

2015 年 1 月 12 日　周一　晴　☀

女儿终于开始改变了

　　新的一天，我上班前看到女儿睡眼惺忪地从房间走出来，跟我说，晚上有事跟我和老公谈。我心里有些许开心和忐忑，似乎女儿要成为家里的顶梁柱了。

　　一天的工作，都像过眼云烟，雁过未留声。中午休息时，我给老公打电话，一起揣测女儿的想法。最后，我们夫妻两人哑然失笑。我们俩人似乎是伺候女王的奴仆，私底下要共同揣摩女王的想法，以求得生活的宁静与安全。

　　晚上我与老公几乎同时到家，女儿自己一个人坐在房间里听歌，音乐声似乎要把门框震掉。我快速做好饭。吃饭时，女儿一直很淡定。我也忍住，只字不提"谈话"的事情。接近晚上八点时，女儿开口说话，大体表达的意思是，她不愿意再读高中，希望能进入职业学校就读，然后继续学钢琴，未来再考虑上音乐学院。

　　也许经历了那么多，女儿终于回头了。这种激动，让我有一种跳起来的冲动。我隐约还能记起几个月前的一个夜晚，女儿半夜回家，自己躲在房间里呻吟。我被吵醒，到女儿房间后看到的那一幕，比电影画面要刺眼得多。女儿额头上有一个很深的刀口，屁股上也有一个很深的刀口。随后我都是在蒙了的状态中带女儿去医院处理的……

打住，这些让人心痛的记忆又开始泛滥。发生的、没发生的、会发生的事情对人的影响，真的不是取决于事件本身，而是取决于自己的心态。不管怎么样，女儿现在是安全的，在往好的方向走。我似乎安心了许多。这个夜晚似乎就是怀揣梦想的少年即将站上梦想顶峰时的璀璨之夜。老公跑过来看我写东西，整个人轻松了不少。给自己的家描绘一个美丽的"像"，许以最真诚、简单的愿，一切都会好起来。

徐少波回复

"吃饭时女儿一直很淡定。我也忍住，只字不提'谈话'的事情。"看来，语言表达的欲望真的降低了。用大白话说，所谓的教育孩子，就是在跟孩子比拼抗焦虑能力。如果父母的焦虑指数高于孩子，就会不停地发号施令，那么孩子就变成了被动的一方；反之，孩子就会主动。所谓的主动，就是所有的行为都源于自愿，这背后支撑的基石是自由。有了自由，自我的价值就会得到保护。一个有自我价值感的孩子又怎会走向歧途呢？一切都会好起来！

李克富点评
改变是从接受开始的

女儿似乎开始变好了！这是一个非常积极且重要的信息，心理医生应该敏锐地识别并追踪这种信息，在必要时将其放大并巩固这种良性变化。

此时此刻，经验能让我意识到：哪怕女儿已经因为出现了好转而让母亲激动得有"跳起来的冲动"，但这并非心理咨询作用的凸显，若将这种好转归结为是写了20多天的日记所产生的奇效，也几乎是胡说八道。

我心里清楚，此时此刻，不是女儿变得多么好，而是母亲已经接受了那个不好的女儿，结束了"女儿应该很好，可现实中极差"的内心冲突，开始观察并记录那个现实中而非理想中的女儿了。临床心理学发现，大量的心理困扰都源自内心的自我搏斗，比如觉得自己"应该如此"，但现实"并非如此"。总希望并试图改变现实或让现实去顺应理想中的应该，结果就会因总是不能做到而体验着"强迫性重复"的痛苦。

面对这样的求助者，心理医生的帮助策略很简单，只是颠倒一下，让求助者的理想顺应现实而已。理想顺应了现实，就是接受。

心理医生清楚，心理咨询的目的之一就是让求助者在认知、情绪、思维等方面做出改变，而改变始于接受。但是，接受何其难啊！

"你能接受老公已和那位女性发生了性关系的事实吗？"我问一位始终不能从丈夫偷情阴影中走出来的女性。她答："能。但是……""能"，是理性的；"但是"后边想表达的，其实是不接受。不接受，就会在理性和情感（欲求）之间悬着，上不去，又下不来，痛苦地挣扎着，而挣扎又加重了痛苦。

好在，心理医生已经有了很多十分有效的技术，来解除这种挣扎状态，比如以下10个问题就是针对"不接受"的咨询者：

（1）你能接受过去发生的那件事情是不可改变的吗？

（2）你能接受有时候不管我们怎样努力，结果也并不像我们所期待的那样吗？

（3）你能接受自己在生活中有时候会快乐，有时候不会那么快乐吗？

（4）你能接受自己不完美吗？

（5）你能接受"生活是艰难的"吗？

（6）你能接受有人喜欢你，有人不喜欢你吗？

（7）你能接受自己家的条件就是不如别人家的吗？

（8）你能接受这个世界总有一些不稳定、不安全因素吗？

（9）你能接受自己与别人不同吗？

（10）你能接受自己在成长过程中难免会犯错误吗？

我的经验是：以此为蓝本，变换着方式对求助者反复提问——反复，反复，再反复，直到求助者接受现实！

第 24 天

2015 年 1 月 13 日　周二　晴　☀

管住自己的嘴巴

　　早上起来，就看到老公在翻书桌，似乎在找什么重要的文件。我默不作声地走过去，他抬头说要帮女儿准备办理入学事项。看来，在这件事上，我这个当妈的远不如他这个当爸的上心。得知女儿愿意读书，我的第一感觉是放松。仔细想想，女儿一直是那个可爱的女儿，是我太焦虑，太会抢活儿，有点奴隶主的味道。

　　上班时一切照旧。由于离春节假期不远，忙碌的工作似乎都集中在 1 月初。同事小王问我今天是不是有啥心事，眉头紧锁。我笑了笑没回答。眉头紧锁似乎已经成了我的常态，骨子里的那份要强逼得自己时刻绷紧了弦，处在备战状态。但总的来说，近期自己的变化很大，心平静了很多，能管得住自己的嘴巴，尽量少说话。以前以为不说话就能解决问题简直就是天方夜谭，现在看来，这真是一种至高境界。当我不吱声、少作为的时候，似乎总有人能站出来分担，亲子关系、夫妻关系也变得更和谐。既然这样，何乐而不为？

　　中午老公打电话说，女儿的事情有点眉目，近期有很多艺考，但对女儿的专业水平有要求。晚上回家后，我与女儿沟通了这件事。女儿自己制订了计划，要去专业培训机构学钢琴。我似乎看到了女儿小时候的影子，看到了她对弹钢琴的渴望。

翻阅了之前写的日记以及徐老师的回复，我不免有些喜形于色。我能这么一天不落地连续写日记，一是源于徐老师的回复鼓励，二是源于日记有如救命草般的功能。日记让我真正地忍住不说，让我把想说的都写下来，让我有了一种安全的表达方式。总之，日记带给我的这一切，无法用只言片语描述清楚。

徐少波回复

所谓的"安全的表达方式"，其实是一种更有效的解决问题的方式。所谓有效，指的是在明确自己需要或目标的前提下，通过行动满足需要或达成目标的行为。

"仔细想想，女儿一直是那个可爱的女儿，是我太焦虑，太会抢活儿，有点奴隶主的味道。"再仔细想想，你是奴隶主还是奴隶？

李克富点评
从"说出来"到"记下来"

一般人认为，语言是用来表达思想的，即把心中所想的通过嘴说出来。心中所想，是口中所言的必要条件，没有心中所想，也就没有口中所言。其实，"说出来"还有一个比表达思想更重要的功能，那就是宣泄情绪，尤其是宣泄负面情绪。

发展心理学认为，当一个人能够通过语言来表达自己的喜怒哀乐时，他就向成长和成熟迈出了一大步。语言以及运用语言进行交流不是与生俱来的，比如一个尚未学会说话的孩子，当他感觉到自己受到攻击而生气时，只会哭叫、撕咬、动手去打，可当他慢慢学会说话后，他可能就只动口而不再动手，或用骂人这种方式来表达愤怒。骂人，就是用言语这种口头的攻击形式，替代直接的肢体攻击。不要小瞧这种替代。

由动手到动口，说明一个孩子已经具备了压抑自己的情绪、延迟满足的能力。这是一个人管理自己的情绪时所必须具备的基本条件之一。只有具备了这样的条件，一个人的情绪才能通过较为安全和无害的方式得以宣泄。

遗憾的是，很多成年人并不具备这种能力，当然这些成年人大部分是家长。一些父母生气时，他们不但不会有效地管控自己的情绪，甚至连用语言表达都没有学会，采用了直接动手打人的方式。家长动手打孩子，不论对孩子还是对自己，都是危险和有害的。从心理层面看，这种家长在处理情绪方面的心智水平尚停留在前语言阶段，也就是大约三岁之前。

孩子的青春期，也是父母觉察自己心智水平的关键时期。如果依然不能像"君子"那样"动口不动手"，对孩子还是抬手就打，那么，就会立刻换来孩子激烈的反抗，之后整个家庭就会演绎闹剧，甚至悲剧。

心理医生认为，让这样的家长学会在生气时骂出来是一种进步。骂，毕竟要比打更为理智和文明。骂，就是"说出来"的形式之一。如果把想用嘴骂出来的，变成用笔写下来，又会如何？骂出来常常指向生活中那个被骂的对象，而写下来就像是面对一张白纸自言自语。同样是宣泄情绪，用写下来的方式安全系数和无害性都会大大提高。

不像精神分析取向的心理医生对自由联想（想起来并说出来）崇尚有加，认知取向的心理医生更注重让求助者把所想的和想说的都"写出来"。而想要写出来，就得像这位青春期孩子的母亲一样，从"能管得住自己的嘴巴，尽量少说话"起步。

第 25 天

2015 年 1 月 14 日　周三　晴　☀

以前，我真是太失败了

　　今天女儿自己跑了几家钢琴辅导机构，最终选定了其中一家。中午我过去缴费，见到了辅导机构的老师，老师不到三十岁，那种优雅脱俗很吸引人，我从心底里对女儿的眼光大加赞赏。辅导老师让女儿随手弹了一曲，基本上了解了女儿的水平，对女儿也是一番夸赞。而后我准备回单位，女儿要自己出去逛街。思想挣扎了一下下，我开口问女儿需要钱吗。女儿怔怔地看着我。想想看，自我们俩的母女关系确立到现在，这是我第一次问女儿是否需要钱。塞了五百块钱到女儿手里，又叮嘱她早些回家，我就开车离开了。

　　整个下午我都心不在焉，满脑袋都是回忆，回忆我能记起的所有跟女儿的互动，令人汗颜，大多是我对女儿的指责与批评。真的感谢徐老师对我的指导，让我知道什么才是"把孩子当人看"。想想以前，我和一个奴隶主真的没啥区别，甚至更凶残，造成了之前的局面，真是太失败了。

　　晚上回家，女儿已经弄了一桌子饭菜，笑嘻嘻地让我再等等，她还有一个自制的饭后酸奶没做好。我转身去了卫生间，眼泪吧嗒吧嗒地掉下来。女儿是优秀的，长久以来，真的是我这个当妈的错了，差点把女儿葬送了。可我一直都在抱怨自己怎么生养了这样一个不争气的女儿。

老公今晚有应酬，不回家吃饭了。我私下给老公发了信息，说女儿做了一桌子饭菜。老公很快就回家了，看得出他比我更激动，嬉笑着坐下来。这几天的峰回路转是要告诉我美好的生活就此开始了吗？我有点受宠若惊啊！

徐少波回复

如此快的转变，一定是由多种因素造成的。日记的记录与回复一定只是其中的一个因素而不是唯一的因素，对于这一点我们要有清醒的认识。认识了这一点，其实也就认识了、承认了生活的复杂性和变化性。但有一点是可以肯定的，现在的母亲已经不仅仅是一位母亲，更是一位有血有肉、有情感的女人！这也正是"作为女人的母亲"和"作为母亲的女人"的差别。美好的生活就此开始！

李克富点评

父母的高贵与卑贱

如果你有十分付出，别人才有一分回报，或者人家根本就没有给你回报，甚至还会伤害你的话，你愿意持续且热情不减地对这个人付出吗？你一定会答"当然不能"，除非你是个傻子。

可是在现实生活中这种傻子不乏其人。这种傻子，就是父母。一位母亲告诉我，她跟17岁的女儿说十句话，女儿都不会回应一句，有时候女儿还会爆粗口——爆粗口总比不吱声强，毕竟也算是一种回应。可是，这位母亲坚持对女儿一如既往地说着，不但热情不减，还一次比一次更语重心长。

一位母亲说，她给正在读大学的儿子发了一百条信息，儿子都没有回复一条。我问："那接下来你怎么办？"她答："我就继续发啊！"我没有再问，我知道没有必要再问。

一位父亲说，离婚后的10年来他一个人带着女儿，照顾她吃喝拉撒。现在已经24岁的女儿除了整天浓妆艳抹，跟一帮狐朋狗友鬼混外，什么活儿也不干，连内裤和袜子都是这位父亲给她洗。

一位父亲说："正在读高中的儿子从上学至今已经因为不喜欢老师，并和同学处不好关系换了4所学校。他每换一所学校，对我而言都是扒一层皮。现在孩子又说讨厌老师了，和同学的关系又闹僵了，他又提出转学了，估计我又要被扒一层皮了。"

长期跟这类父母打交道，我所看到的就是面对儿女的伤害，他们所表现出来的那种百折不挠、愈挫愈勇的精神。如果你认为我在调侃或开玩笑，是因为你没有发现这种精神背后的那种强大的动力。

那种动力是父爱或母爱吗，是舐犊之情吗，是无法割舍的血缘吗？既往，我曾以为"是"。但现在，我十分肯定地说："不是！"

"我就是一个失败者！"这是一位母亲在哭诉完之后的一句低声嘟囔，我觉得她在无意中道出了这类父母心理问题的本质，尽管"失败"是一种价值判断而不是一个心理学的专业术语。

人之所以向往高贵，是因为高贵的稀缺，以及众所周知，变得高贵有多么不易。高贵，意味着一个人在心理层面人格独立，在社会层面长成了自己，因此他也就不再依赖包括亲人在内的任何人了。对于失败者，我不做分析，更不会评价。我的任务是，帮助那些认为自己就是失败的父母，努力变得高贵。道理和方法都十分简单：监督那些父母，先放下孩子，去做自己能做好的事！

第 26 天

2015 年 1 月 15 日　周四　晴　☀

真担心自己某天又现了原形

　　女儿学校的老师今天打来电话，跟我讨论女儿考试、升学方面的问题。我坦诚地跟老师说了女儿的情况。老师很赞同，建议我们到学校办理相关的手续，并夸赞了女儿，让我向女儿转达——如果女儿把文化课稍微跟进一下，考一所好的大学肯定没问题。

　　晚上到家时，女儿正在弹琴，弹得似乎不是很连贯。女儿说这是新学的曲目，跨度大，难度高。我鼓励了女儿两三句，就止住嘴，然后告诉她老师的话。女儿自己也不愿意放弃文化课学习，毕竟她的基础很好，稍微保持一下就可以。

　　晚饭后，女儿跟我说，前段时间砸了安姐的店铺，安姐没吱声，收拾干净又开始安稳地做生意了。我问女儿："你当时到底是怎么想的，是因为酒后不清醒吗？"女儿回答："我一直很痛恨安姐，当时是她步步引诱才把我拖进深渊。"

　　我本想站在对立面辩驳，但忍住了。其他的都不重要，重要的是女儿的心并没有沉沦。最近我虽然每每都能忍住不对女儿发脾气，但似乎还得需要一个突破口，不然还是会有憋气的感觉。日记似乎能缓解这种情况，但我似乎还有很多压抑的憋屈，真担心自己某天被刺激到，又现了原形。我跟老公说出自己的担心，他说："这么多年，我就是这么过来的。"我的无名火"马上"就上来了，对老公吼了几句，得到的是老公的讥笑。我越发上火。女儿在客厅大声说："难道我又回到解放前了？"老公窃笑。我只能又选择压抑。算了，是我修行不够，怎么能怪"小鬼"难缠呢？

徐少波回复

"女儿的心并没有沉沦"，这是我近来看到的最有冲击力的一句话，也是一位母亲对孩子的理解与体谅，更是对自己放手但没有放弃的最好诠释。

所谓的压抑，其实是成长的第一步，也就是在延迟满足自己的需要。但仅仅压抑下去肯定是不行的。"需要"是不会因为被压抑而自动消失的。就像一顿饭不吃可以，但饿是持续存在的。如果长时间找不到食物，人是会被饿死的。那就需要第二步，就是前两天我们讨论的——找到一种有效的解决问题、满足需要的方式，比如，心平气和地沟通交流。

"小鬼"会一直存在，它存在的价值从表面上看是"勾引"我们，其实是帮助我们修行！

李克富点评

有起伏才是生活的原形

见过心电图的人都知道，人只要活着，其心电图就会呈现出起起伏伏的波形。而一个人的心电图一旦呈现出一条直线，就说明他已经死了。

生活也像心电图，它的本来面目就应该是有起伏的。有起伏才是生活的原形。只是由于我们总想"起"而不想"伏"——在不幸时希望幸福，而在幸福时希望幸福能够像一条直线一样向未来无限延伸下去，因此我们才会把过去的不幸当成了原形，总担心未来的某一天"又现了原形"。

当事人没想到，这种担心其实是我们必须面对的：身处"起"的状态，接下来一定会"伏"。只是，"此伏"已经不是"彼伏"，因为时间决定了"人不可能两次踏进同一条河流"。

心理医生会在求助者"起"的时候，牢牢抓住这一难得的机会，与其探讨"伏"。进而，会让求助者在过去、现在和未来这三个时间维度上去回忆、观察，思考"此起"与"彼起"、"此伏"与"彼伏"的不同。

"你觉得孩子这次发脾气和上次有什么不同吗？"两次都叫"发脾气"，但这一次和那一次一定不一样。当父母不能发现孩子这两次"发脾气"的差异时，他们会被进一步引导：比如时间、地点、原因、情绪反应……

"假若孩子再次发脾气，你觉得会在什么时间和地点，会是因为什么？如果你知道孩子发脾气是必然的，你还会像原来那样生气吗？你准备采用怎样的应对方式呢？"这样提问，是先让求助者在"过去"中寻找差异，再把求助者导向"未来"的应对。这样做的目的是首先把求助者从"当下"对孩子发脾气的恐惧中拯救出来，然后让求助者认可自己和孩子处于常态当中。

后现代思维把不能改变的均视为常态，也就是"一切都是最好的安排"。因而，心理咨询师会费心劳神地让求助者接受那些不能改变的。这种接受可能是暂时的，也可能是永久的。

"永远不要与不能改变的为敌，不要与不能改变的较量。"在心理医生看来，这个观点应该成为共识和常识。

　　这篇日记告诉我们，女儿正在变好。但妈妈的个性不会有根本的改变，只是"每每都能忍住不对女儿发脾气"。她"需要一个突破口，不然心里还是会有憋气的感觉"。那么，既然一定要突破，我真想问一下：会在哪里突破？什么时间突破？原因是什么呢？这种思考是一种预警，是让求助者积极备战，以便打一场有准备之仗！

第27天

2015年1月16日　周五　阴

当老公向女儿靠拢时

　　早上天阴沉沉的，家里马桶也堵了。我的头有点疼，嗓子和耳朵都发痒，这是上火的症状。早上看了一篇文章，主要内容是暴躁的女人，子宫容易出问题；委屈、纠结的女人，胃容易出问题；郁闷的女人，乳房和肩胛骨容易出毛病……看来看去，似乎都在说人是病的主导者和创造者，所以，人是主动生病的。这个主动与被动都是潜意识层面的。

　　我到了办公室，看到领导在我们办公室和同事聊天。因为年底了，单位要对领导进行综合评分，所以领导提前到各部门聚拢人心。看来做领导也不是一件容易的事。我现在似乎变得特别爱同情和理解别人了。我现在对家庭、对女儿的种种认识，也必然不是凭空臆想。有了那些切身感受的痛楚，才会有要珍惜幸福的感慨。

　　下班前老公来电话，说订了晚餐，让我准时回家。老公现在似乎压力全消，并且在很用心地向女儿靠拢。有老公看着女儿，我其实也不必干涉太多，好好做好分内事吧，但隐隐约约有点妒忌女儿。

　　晚上女儿提出要求，说想报文化课辅导班，但我更希望她能回学校读书。老公尊重女儿的选择。我委婉地说了我的想法，女儿对此似乎不太乐意。只要女儿能向上奋进，在哪学习都行。我的头越发地痛，不管那么多了，好好休息去了。

徐少波回复

身体出现的症状，既是那些我们压抑下去的东西的突破口，也是帮助我们反观内心的蛛丝马迹，就像汽车仪表盘上亮起的红色报警灯，可以提示我们汽车隐含的故障。"小人之心"其实是"人皆有之"的，如果我们能接受它并与之为伍，就不会把它拿出来放在别人的身上。不要管那么多了，好好休息。

李克富点评

家庭中的"三角关系"

一个三口之家就是一个系统。像所有系统一样，家这个系统也需要保持稳定。遗憾的是，稳定总是暂时的和相对的。由于社会的压力和家庭成员自身的问题等等，因此每个家庭都会面临各种明显的争吵或潜在的冲突。那么，一个失去稳定状态的家庭应该如何恢复并努力保持稳定？

家庭系统理论的开山鼻祖鲍文提出了"三角关系"这一概念，并发展出了相应的技术。

鲍文发现，在家庭系统中，如果夫妻之间发生了冲突，双方或其中的一方就会产生明显的焦虑情绪。此时，为了减轻这种焦虑，作为另外一个家庭成员的孩子，就会主动或被动地进入夫妻关系中，促使夫妻之间的关系恢复平衡。如果我们把这三个家庭成员分别视作一个端点，彼时的两人关系就成为此时的三人互动，这就是鲍文所说的"三角关系"。毕竟，在所有几何图形中，三角形是最稳定的。

在日常生活中，当两个人在无休止地争吵时，如果有第三者出现，总是会被拖入其中给"评评理"。看到这种现象，我们就不难理解"三角关系"的形成是多么自然了。

当孩子出现不良行为时，这个孩子一定是站在父母的肩膀上。这种现象的背后是父亲或母亲成了这个孩子的盟友，也反映了父母之间意见不合或存在矛盾冲突。虽然孩子的加入让家庭成员之间形成了一个稳定的三角形，但他们之间的问题或冲突并没有得到解决。

在心理门诊上，最常见的情况是：丈夫在空间上远离妻子或在心理上疏远妻子，妻子就会因此抱怨不断或焦虑不堪。此时，妻子不是想方设法通过与丈夫互动来缓解内心的痛苦，而是不自觉地将自己的精力全部放在孩子身上，将对丈夫的爱恨情仇施于孩子身上。其实，这种三角关系的形成，尽管表面上使得一个家庭风平浪静了，但夫妻间的问题并没有得到解决，夫妻间的感情反倒越来越疏远；母子关系越来越纠缠，甚至完全融合，导致孩子的自我和独立性难以健康发展。有时，三角关系还会将核心家庭之外的大家庭成员，比如爷爷奶奶、姥姥姥爷等拉进来，形成更复杂的关系网络。

第 28 天

2015 年 1 月 17 日　周六　晴　☀

在丈夫面前撒娇

　　虽然我这次感冒非常严重，但确实让我的身体得到了彻底的休息。我一觉醒来已是上午 11 点了。老公竟坐在床边看书，发觉我醒来，把书放下，问我感冒好些了吗。我哼哼唧唧地回答，背过身，眼泪又不争气地流了下来。结婚这些年，这样的关心，久违了。几年前的我甚至回想不起来任何一个人对我的好，看来那时的我真是病入膏肓了。

　　起床后我没看到女儿的影子。老公开心地说一早就送女儿去上课了。看来小丫头这次是认真的。我问老公："有没有想过女儿为什么会突然回心转意？"老公说，他私底下问过女儿，女儿的回答是，不愿意再做时刻提心吊胆的黑影人。不知为何，我还是有很多担心，似乎还没完完全全相信女儿就这么变好了。

　　下午四点多，我开始拉肚子。老公直接把我从家里背到车上，开车载我到医院做检查。医生问诊后，说我的病是由风寒郁结导致的，嘱咐我多喝水，注意休息，同时给我开了一点消炎药。下车回家时，我依然是被老公背着回家的。我问老公能不能背我在车库里走几圈。老公哭笑不得："你以为你还是一根瘦长的杆子吗？我怕背你转一圈后，我就废了！"

我默不作声。若是在恋爱的时候，老公必然马不停蹄地背我到外面的马路上转一晚上。我又感觉到失落。似乎女儿好了，而我真的又病了。我越来越接受徐老师说的"共病"，并不是女儿不好了，而是我这个当妈的病得太厉害，不自觉地认为女儿病了，只有这样，我这个当妈的才能平衡。

晚上我又和老公沟通、交流，老公依然是半开玩笑半认真地回应我。我这次选择直白地表述："我希望你能多关心我，像关心女儿那样。"老公怔怔地问我："你想做女儿？"看来，老公还是没理解我的意思。我其实是一个受伤的弱者，我也需要被照顾！

徐少波回复

"你以为你还是一根瘦长的杆子吗？"听到这话的你不应该失落，而应该马上捶老公！

希望老公多关心你，不仅需要言语上的直白表述，还需要给他提供关心你的机会。无论你是真强悍还是装强悍，都会让别人没有关心你的机会。其实，一个受伤的弱者是不敢承认自己弱的；其实，一个敢于展现自己弱的人本身就是强大的；其实，老公已经在关心你了！

李克富点评
退行是一种无意识的示弱

醒来后哼哼唧唧，在老公问候时流下眼泪，在车库内提出让老公背着自己的要求，希望老公像关心女儿一样关心自己……今天的日记让我们看到了一个在丈夫面前撒娇的妻子。

精神分析理论认为，撒娇是一个女人面对焦虑时的心理防御。撒娇是一种退行，也是无意识层面的示弱。只有强者才可能示弱，而弱者只会逞强。示弱，是想达到控制强者的目的。

正如老子所言：柔能克刚，弱能胜强。这位妻子在丈夫面前做到了。同时我们也期待这位正被青春期女儿所折磨的母亲也能够做到，而不是失控。

撒娇真的不是每一个女人都能做到的事。撒娇也不是一个女人在丈夫或强者面前有意识地去做就能做到或做好的。

通过长时间的交往和深层次的交流才能发现，这种会撒娇的女性，其心理极为柔韧，心理年龄能够根据需要在成人和孩子之间瞬间转换，当用成人的方式不能实现目标时，她会迅速退行成孩子。一个孩子展示出成年人的行为很难，更难的是一个成年人展示出孩子似的行为。

如果你知道"一只狐狸要经过千年的修炼才能成为狐狸精，一只狐狸精得需要更长时间的修炼才能再蜕变成狐狸"，那么，你就应该知道哪种转换在现实生活中更不易。比如，只有那些心理高度健康的人才能做到能上能下、能方能圆、能屈能伸……你认为"能上"容易还是"能下"容易？方和圆、屈和伸，哪个更容易呢？

有多少人，是因为上得去却下不来而痛苦，从而寻求心理帮助的啊！我们应该向那些能够撒娇的女性致敬。不服不行。任何不服者，都可以先在自己丈夫面前试试。权且不说故意撒娇会导致什么，一个女性敢于做出撒娇的尝试，就足以证明其强大的心理能力。

能够在丈夫面前撒娇，是在女儿面前示弱迈出的重要一步。而一个妈妈一旦敢于在女儿面前示弱，就会在与女儿较量的过程中战无不胜。

第29天

2015年1月18日　周日　晴　☀

烦！烦！烦！

　　今天我觉得身体舒服了很多。起床后我坐在阳台的椅子上看书。用"书在看我"来形容我看书的状态，恰如其分。女儿今天在家练琴，琴声让我有心烦的感觉。很多时候，我都会陷入这样的困境，原本特别期望出现某种情境，但当这种情境出现不久，就会心烦、后悔……就像对待女儿的态度，之前巴不得她能安心在家学习，可当她在家，我原有的担心不复存在，随之而来的却是这种心烦。

　　下午，我去美容院做保养，为我服务的小姑娘嘴特别甜，不管说的是真是假，确实让我开心。在生活中，我何必拿一些尖酸刻薄的话对待别人，到最后只能自讨苦吃。

　　晚上我接到朋友的电话，两人一起发发牢骚，各有各的不痛快。只是这日子还得继续过。日子也像一个小姑娘，任你打扮。不知何时，女儿站在我身后，看到我写的东西，竟然没有生气，直白地说："妈，我是不是影响你了？要不，过了年，我回学校学习吧，学校的琴房会好很多！"我突然又心花怒放起来，看来撒个不说话的网，拉回来的鱼却不小！

徐少波回复

"日子也像一个小姑娘,任你打扮。"任我们打扮的还有我们的心情。不知"心花怒放"的时候,你是如何向女儿表达的?

李克富点评

烦恼总比焦虑好

有三种不愉快的情绪体验是我们经常遭遇的:烦恼、焦虑和抑郁。可是,要把这三种情绪体验区分开并说清楚绝非易事。

许又新教授说:"大家都知道烦恼是怎么回事,但要下个定义很难。A.Challman说,他始终未能找到一个'烦恼'的描述性定义,即使是在语言学方面很有造诣的烦恼者也无法表达得令人满意。""重要的是必须将烦恼区别于焦虑。焦虑作为一种症状,是没有明确对象和具体观念内容的忐忑不安和提心吊胆。烦恼则不同,它总是有现实的内容。我们可以为柴米油盐或经济拮据而烦恼,也可以为居住面积小而烦恼。工作不顺心,学习成绩不佳,孩子不听话,夫妻闹别扭,各种人际关系不和,等等,都可以是烦恼的内容。"由此我们看到:焦虑指向的是未来,虚无缥缈。而烦恼指向的是当下,实实在在。

非常难得,在这篇日记的开头,我们看到了焦虑和烦恼的区别:"女儿今天在家练琴,琴声让我有心烦的感觉。很多时候,我都会陷入这样的困境,原本特别期望出现某种情境,但当这种情境出现不久,就会心烦、后悔……就像对待女儿的态度,之前巴不得她能安心在家学习,可当她在家,我原有的担心不复存在,随之而来的却是这种心烦。"这反映了当事人准确地表达自己情绪的能力,而这种准确的描述,会促进他人的理解,从而更有可能激发他人的共鸣并得到帮助。

在门诊上，我常向来访者讲述烦恼和焦虑的不同，也试图让焦虑者把焦虑往烦恼的方向转化。因为在我看来，烦恼要比焦虑好得多，也更容易被应对。

"最近遇到过让你烦恼的事情或者人吗？"我这样引导，处于焦虑当中的求助者就会按图索骥地去寻找，而在寻找的过程中，求助者就开始和现实接触，焦虑随之减轻。

把焦虑变为烦恼，就是把虚无缥缈的未来拉到实实在在的当下，这或许是通往健康的道路之一。比较麻烦的是病态的抑郁。翻遍中英文精神病学教科书，没有哪位作者能够用一段文字把抑郁体验描述清楚。抑郁者的核心体验是心境低落或极度消沉，这很难用普通语言描述。如果说"焦虑＝糟糕的情绪体验＋可怕的事情将要发生"的话，那么，"抑郁＝糟糕的情绪体验＋可怕的事情已经发生"，抑郁更多地指向过去。

从可操作的角度来看，可以让抑郁变成焦虑就是进步，再让焦虑变成烦恼就更值得欣赏，因为烦恼是健康人都有的情绪体验。

第30天

2015 年 1 月 19 日　周一　晴　☀
不惹事，但也不怕事

　　我得意忘形了一晚，早上还在飘飘然，一出门就碰壁了！我刚把车开出小区，我的车就和右侧突然拐出来的车发生刮擦！虽然和对方司机同住一个小区，但确实没有见过面，更没打过交道。我本以为和对方商量后可以找出一个双方都满意的处理方式，却不料遇上一个难缠的主！多少天来压抑的怒火，终于大面积爆发，我跟那个司机大吵一架，随后关上车门，甩手走人！我把车开到路上，浑身轻松。

　　一到办公室，我就给老公打电话说起这事。老公笑着说："你不是跟我说过，在马路上遇到疯子，千万别和他打起来，不然大家就分不清谁是疯子了！"恍然觉得自己陷入了迷局，时时刻刻被陷阱包围。平静下来想想，感谢上苍今早给我这么好的机会，让我的满腹牢骚有了一个出口，只是苦了那位陌生司机。

　　下午，我听办公室的人说某领导的儿媳妇跳楼了，原因是产后抑郁，留下不到三个月的女儿……又一个悲剧发生在我身边。相比之下，我算是一直在福窝里躺着。从小，我父母就说："金窝银窝不如自己的草窝！"想想，这一切都是比较的结果。若不再去关注物质，而是关注感受，生活似乎就会美满和谐许多。

晚上回家，路过早上刮车的地点，我又想起早上的那一幕。只是，今天一直没人打电话找我处理事故。静观后戏。今晚女儿在家练琴，看我回家，就不弹了，而是对着乐谱在桌子上练习指法。心里还是有点烦，似乎无论女儿是反抗我还是迎合我，我都不会开心。我真是病入膏肓了！但女儿的变化真的该让我心满意足了。独我一人修行浅而已。

徐少波回复

生活是需要被适应的。这猛不丁地出现了这么大的变化，猛不丁地需要我们改变几十年的固有习惯，难度是可想而知的。何不袒露心迹，像个孩子一样诉说自己的决心和愿望呢？相信那爷俩会体谅你的。

李克富点评

"静观后戏"是一种积极的等待

一个女人，大清早开车和别人的车发生刮擦，然后，因为不满对方的处理方式而跟对方大吵一通后，关上车门，甩手走人。更让人佩服的是，当接到妻子电话，得知所发生的一切后，做丈夫的竟然不是担心而是调侃，倒也算是"奇葩"。

这些描述让我看到了一对"不怕事的主儿"：既然事情已经发生、不可改变，接下来还会发生什么，谁也无法预料，那就顺其自然吧！如果你的兵来，我就用将去挡；如果水来，我就用土掩。不惹事，但也不怕事。这是一种胆量。

出事后，当意识到自己无能为力、回天乏术时，一个人能做到"静观后戏"，是一种境界。这种境界的高妙之处就在于"静观其变"。

问："在玩剪子、包袱、锤的游戏中，如何做才能永远不败？"

答："待对方出手后再出手！"

当我见到你出剪子时，我自然会出锤子；当你出包袱时，我就出剪子；当你出锤子时，我就出包袱。只需要比你慢半拍，我就是永远的赢家。这是一位击剑教练跟我说过的话。这位击剑教练告诉我：逼迫对手先出剑，自己才能攻守自如，找到机会。问题是，一旦面对对手，心理素质差的一方就总想先出剑，想一剑封喉，置对方于死地。结果，事与愿违。

与儿女对峙时的父母也是如此，总是率先发威，一通暴风骤雨后，恰恰暴露出自己的弱点，结果被儿女抓住要害，并在争斗中深受其害。这位母亲就是因此才求助于心理咨询师，才开始写日记的。

那么，为什么那个一向"不怕事的主儿"，在女儿青春期叛逆的事上就不能做到"静观后戏"了呢？因为这位母亲始终被亲情绑架，被血缘纠缠，她担心女儿的未来，焦虑不堪。而汽车刮擦则是在现实中发生的事件，对因此事吵架所引发的后果，这位母亲没有焦虑。

社会心理学发现：焦虑是由非现实危险引起的情绪体验，高焦虑者的亲和倾向较低，与他人在一起，不仅不能减少焦虑，反而可能增加焦虑。焦虑是一种折磨人，难以被对付的负性情感。

第二个月

第31天

2015 年 1 月 20 日　周二　晴 ☀
今天天气好晴朗，处处好风光

　　早上老公很早就起床了，外出买回早餐后，把我和女儿叫起来吃饭。我有一种说不出的开心与幸福。这个家似乎变成了沁人心扉的花房，让人幸福得乐不思蜀。吃饭时，老公说这个周末有个音乐学院的朋友来家做客，到时候也顺便让女儿露露脸。女儿听到这个消息后格外兴奋，表示要利用这几天加紧训练与学习。我和老公都是赞赏地一笑，没有任何导向性发言。

　　今天的天气似乎格外好，暖洋洋的，如同初春。办公室楼下的小树丛中，鸟儿欢快地叫着，似乎还能听到草丛里有小生物在穿梭，这一切让人很惬意，很舒适。

　　办公室的同事们又在议论年终评比的事情，还有近期吵得沸沸扬扬的加薪。这些对我来说似乎都无关紧要。我现在挺知足，物质丰裕，精神也算饱满，只希望女儿能有个好前程。同事们在那幸灾乐祸，说执行新工资标准后，领导与下属的工资差距会缩小很多。大家活得更轻松自在，谁还那么觊觎领导的权势呢？但在我看来，这也只是自欺欺人。

　　中午女儿给我打电话，说她晚上请辅导老师吃饭，我当然全力支持。女儿说她爸给了她一张信用卡，可以自由刷。听后我淡定平和的心顿时感到不是滋味，也不知哪来的火，似乎还是那份嫉妒在发挥作用。是我这个当妈的太自私，我要淡定！

晚饭后，我跟老公提起这个事，老公笑笑说："怎么，你嫉妒女儿了？其实我也给你办了一张信用卡，额度是女儿卡额度的十倍呢，就放在你的那本书里，可惜你进屋后一直没翻开那本书！"一个下午的嫉妒瞬间消失。女人，就是这么感性！今晚可以美美地睡个觉了！

徐少波回复

如果我说，很高兴看到了你的嫉妒，看到了一个女人的感性。你对此有何感想？说白了，我们都是人，都是普通人，都不具备那种高尚的"理想境界"，所以像嫉妒这种情绪就显得尤为正常。没有了嫉妒，或者因为自己是妈妈而压抑了这种嫉妒的情绪，才不正常。

当一个人能勇敢地去体验、面对自己的负性情绪时，他在行为层面上就会由无意识的"防御"变成有意而为之的"应对"：告诉老公自己的真实想法——现实问题得到圆满的解决——需要得到满足——负性情绪消失。真的可以美美地睡个觉了！

李克富点评

心境：境由心生

我们口语中常说的"心情"，在心理学的专业术语中叫"心境"，它是按照情绪发生的速度、强度和持续时间来划分的三种情绪状态之一，另外两种情绪状态叫激情和应激。

可能有人喜欢"激情"，但不会有人喜欢"应激"，因为应激就是压力，无论大小，压力总让人不爽。而我独爱"心境"，爱那种"微弱、持久而又具有弥漫性的情绪体验的状态"。爱"心境"，还有一个原因，那就是这个词本身。

我没有考证过是谁创造了"心境"这个词。但我相信，要么这个词本身就脱胎于佛学典籍，要么那位创造者有着深厚的佛学修养。"境由心生"，谓之"心境"。我的这种解释，定能博得多数人的认可，更会引发那些体验过"心境"状态者的强烈共鸣。

"心境并不是对某一事件的特定体验，而是以同样的态度对待所有的事件，让所遇到的各种事件都具有当时心境的性质。愉快的心境使人觉得轻松，用愉快的心境看待周围的事物，动作也显得比较敏捷；不愉快的心境使人觉得沉重，感到心灰意冷，对什么事情都不感兴趣，即心境具有弥漫性。心境持续的时间可以短到只有几小时，长到几周、几个月，甚至更长的时间。"

如果你觉得教科书上的这段文字有些枯燥，请再仔细阅读今天的日记，看看这段："今天的天气似乎格外好，暖洋洋的，如同初春。办公室楼下的小树丛中，鸟儿欢快地叫着，似乎还能听到草丛里有小生物在穿梭，这一切让人很惬意，很舒适。"相信你对此一定感同身受，因为你也曾有过这样的"心境"。也相信你能够被这样的"心境"所感染，进而去有意识地体验自己的"心境"。

"心境往往是由对人具有重要意义的事件引起，但人们并不见得能意识到某种心境产生的原因，而这种原因肯定是存在的。"请记住这句话。它的临床价值在于告诉人们：不要总是沉浸在心境中，尤其是不应该沉浸在不良心境的体验中，而应该去追寻引发此时心境的"具有重要意义的事件"，并思索此事为什么如此重要。

"心境影响人的生活、工作和健康，积极、乐观的心境会提高人的活动效率，增强克服困难的信心，有益于健康；消极、悲观的心境会降低人的活动效率，使人消沉。长期的焦虑会有损健康。经常保持积极、乐观的心境，善于调整自己的心态，克服不良的心境是一种良好的性格特点。"感谢今天的日记，让我加深了对"心境"的理解，也把我带入一种愉快的心境当中。

第32天

2015年1月21日　周三　阴转小雨

想发火，却没什么事让自己火

　　今天天气不好，下班的时候正赶上绵绵细雨，路上又堵车。我最怕在这样的天气自己开车。我一直觉得自己肢体不协调，能顺利学会开车实属不易。在这样的天气，后视镜变得模糊，前窗玻璃也时而清晰时而朦胧，害得我手忙脚乱。后来我干脆跟着公交车的屁股跑，这样安全很多！

　　我回到家，看到老公在听女儿弹琴。对于前几天不熟悉的新曲目，女儿现在已经弹得很顺畅。只是，我还是会被这些额外的声音搅得心烦意乱。想发火，却没什么事让自己发火！我到卫生间，拿了一条毛巾使劲在水盆里搓洗，似乎这样可以将心内的火气驱逐出去。快七点才吃晚饭，饭后女儿继续练习。我跑到书房，看起电视剧。看着武媚娘历经种种磨难，却总能逢凶化吉。而能逢凶化吉的人，大都是内心善良却深藏本领的人。像我这样的人，也只能是无凶无吉，淡然一生。

　　后来，我关了电脑，拿起《子不语》，看了两篇关于鬼神的故事。说来有趣，小鬼也是见人下菜碟。看来，欣赏艺术作品确实不需要追究事实真伪，只需关注它所表达的情绪、情感。

在迷迷糊糊中，我与周公会了面，八点四十被老公叫起来洗漱休息，洗漱完，精神变得清爽，完成了今天的日记。看来在坚持这件事上，我似乎已经小有成就！

徐少波回复

在心理层面上，只要是自己不愿意听的，都是噪声，无论乐曲多么美妙。那对于孩子呢？无论父母说的是真理还是废话，只要孩子不愿意听，那就是噪声。想想看，在孩子成长期间，父母究竟制造了多少噪声？

在心理层面，我们关注的不是你付出了多少，而是对方接受了多少。父母对孩子的付出即使不是全部，也一定是竭尽所能。问题是，孩子感受到了什么？可以负责任地说，对于出现问题的孩子来说，他们感受到的和父母付出的截然相反。为什么会这样？

李克富点评
享受那迷迷糊糊的时刻

一个女人，晚饭后，不刷锅，也不洗碗，就径直到书房里看电视剧，感到无趣就关了，再看专门描述鬼怪的《子不语》，之后，又牙不刷，脸也不洗，迷迷糊糊地睡去，当被老公叫醒时已经是晚上的八点四十。根据以上信息，请你评价一下，这是一个什么样的女人？她处于一种怎样的生活状态？是懒惰，邋遢，不讲究，还是……我不知道你会给出怎样的答案。可如果不是让你置身事外做理性的评价，而是投身其中、设身处地地去感受呢？

我想，这会引发有过同样经历的人共鸣，也只有那些有过同样经历的人才会有共鸣。看完今天的日记，当我习惯性地闭上眼睛想抓取文字给我留下的印象时，头脑中浮现出了四个字：迷迷糊糊。我知道，这是因为它引发了我的共鸣。

对一个职业女性而言，她所描写的这段迷迷糊糊的生活，一定是没有压力，也没有烦恼的生活。那是惬意的生活。惬意是最奢侈的享受。

睡不好觉，对任何人来说都是一种折磨。如果你能够认可我说"我们白天拼命所做的一切，就是为了夜里能够睡个好觉"，那么，我想你也会认可我说"我们在外边或在别人面前装着、板着、体面、优雅……就是为了回到家后的放松，为了有一段在不伤害别人的前提下想干什么就干什么的时间"。迷迷糊糊，不受理性的支配，放下"必须"和"应该"，让大脑顺应身体的需要，做自己想做的。这得有多么强大的安全感作为支持啊！

不光是女人，男人也喜欢这样的生活，因此我才为作者能够有这样的生活体验并将其记录下来的行为点赞。规律固然重要，但规律不是规定，更不能把规律当成了刻板的生活。尽管多数人一天吃三顿饭，但这并不意味着一天吃四顿饭或两顿饭有什么不可。睡觉不见得非得在床上，也不见得到点必须醒来，在沙发上一觉睡到自然醒当然也是可以的。我说这些"可"与"不可"，不是在传授什么生活经验，而是想促使更多人反思：什么样的人，有怎样的心态才能够打破常规，按照自己的性情生活？

这种人应该是自由的人，至少不因柴米油盐所烦，不为生活所迫。这种人的心态是平和的，至少在短时间内有这种平和的心态。

第33天

2015年1月22日　周四　晴 ☀
三个月改变孩子一生

　　半夜我被梦惊醒。对于梦的具体情节，我忘得差不多了，只记得女儿紧紧抱着我的胳膊，似乎怕我转身离开。而我自己当时在下楼梯，因为楼梯太陡，心在怦怦跳，感觉自己马上要掉下去了，只是一直担心，生怕把女儿一起拖下去。这个梦似乎和我近期的状态不协调，慢慢来，继续努力。

　　上午办公室发生了趣闻，小王和小张居然吵了起来，因为一点初中水平的地理知识，面红耳赤地僵持了大半天，查了一堆又一堆网络上的资料，还是无法分辨孰是孰非。争辩的话题不重要，只是作为两个成年人，争吵起来像争夺玩具的三岁孩子，真让人啼笑皆非。

　　中午收到快递，是女儿给我买的一对耳钉，样式是女儿名字的首字母，快递里面还加了一张卡片，估计是卖东西的人代写的："妈咪，我用老爹的卡买了两对耳钉，见者分一半，爱你哦！"这个鬼机灵，知道"借花献佛"了。不知道老公的嫉妒之火是否会熊熊燃起。

　　下午领导组织大家提交新年度自己想涉猎的培训专题，这个必须首推新阳光心理研修课程。李老师的新书《三个月改变孩子一生》已经到货了，我给负责此书的老师打电话，让他们第一时间把书发给我，迫不及待地想了解其他妈妈坚持写日记的成果。似乎看到他们的成果，我就更加有力气前行。期待啊！

晚饭过后，女儿突然肚子疼，我带她去医院检查。医生说女儿患的是轻微的肠炎，开了一些药回来。看来以后需要多注意女儿的饮食，尽量多给她在家里做饭吧。经历这么多是是非非，一家人健康、平安地生活在一起，是我最大的幸福。

徐少波回复

梦，真的会告诉我们一些东西，当然不是什么传说中的启示，而是我们在意识清醒的状态下不敢去面对的一些情绪体验，和"酒后吐真言"有点类似。梦，不但不可怕，而且很有助益。你如果能再顺着情绪这条线索去反思一下自己的所作所为就更好了。

同事之间的争吵，再一次证明了情绪对一个人行为的控制。想想我们和孩子之间，那么多的冲突和矛盾真的是什么真理之争、大是大非之争吗？看到同事为了"一点初中水平的地理知识"争吵得"面红耳赤""像争夺玩具的三岁孩子"，我们感觉啼笑皆非。当这种情况出现在自己身上的时候，我们还会感觉"啼笑皆非"吗？对于女儿买的耳钉，甭管是不是"借花献佛"，你体会到了什么？记住，是当时的体会，不要用理智去分析。

李克富点评

不为阅读，而是示范

"三个月改变孩子一生"是我酝酿了数年，带领两位助手于2014年6月20日至9月23日完成的一个课题。在这三个月的时间内，我们所做的，就是每天回复8位妈妈给自己孩子写的观察日记，并以此带动妈妈对孩子观察视角的改变，进而引发孩子的改变与健康成长。

由这个课题结集成册的《三个月改变孩子一生》有50多万字，既没有跌宕起伏的故事，也没有玄妙高深的心理学理论。可就是这样一本书，出版后受到读者青睐，并很快输出韩国版权。它的价值恰恰就在于，这本来就不是一本供父母仔细阅读的书，而是作为一种示范，让做父母的也像书中的8位妈妈一样去给自己的孩子写三个月的日记。

只有进入水中才能学会游泳。这个常识可谓无人不知，无人不晓。观察一下那些想学游泳却始终没有学会的人，会发现他们的身体素质其实不差，只是他们从来就没有下过水，或者在水里扑腾几下，感觉到不适后就立马上岸了。这是一些什么样的人呢？行为主义心理学家发现，他们是一些"学会了如何不学习"的人，凡事都是虎头蛇尾、浅尝辄止。

如何才能学会游泳？这是一个不难回答的问题。但是，无论别人给你什么样的答案，都不可能替代你的练习。面对这样的提问，心理医生不会直接给出答案，而是在反复确认当事人真想学会游泳后，监督他待在水里。

这是两个不可分割的步骤：真想，是动机；待在水里，是行动。如果没有动机，行动起来就会被动无力；如果没有行动，再强烈的动机都毫无意义。

其实，完成这两个步骤，既不需要教练讲授游泳的知识，也不太需要教练教授游泳的技术。只要当事人待在水里就可以——只要他在水里待着，就会主动做出尝试，时间久了，也就学会了游泳。要知道，很多会游泳的人，并不是被别人教会的，而是靠在水里模仿他人的动作学会的。模仿很重要。我们可以通过模仿将很多别人的成功经验据为己有，比如模仿着，也给自己的孩子写写日记。

《三个月改变孩子一生》是一本适合于"在水中阅读"的"游泳教材"：与其说是在教你游泳，倒不如说是"引诱"着你先下到水中。经验告诉我们，只要身体力行，像这8位妈妈一样开始去做，就会反复地阅读这本书，不是补充欠缺的知识，而是寻找体验层面的共鸣。

第 34 天

2015 年 1 月 23 日　周五　晴　☀
和他的"小情人"争宠

　　近一段时间，日子似乎加快了速度向前冲。眼看就要备年货了，真有点时光如白驹过隙的感慨。女儿时常会说，过年一点意思都没有，要到处跑，还不如平时的周末舒服。想想，何尝不是！本来是亲人团聚的节日，却慢慢地功利化……似乎这个世界的运转规则在调整，而能意识到这些的人，必然会经历一个不适应的阶段，而后重新建立新的平衡。也许是昨天折腾得太晚，我今天精神不足，昏昏欲睡。对于同事们闲聊的话题，我完全不入脑，任自己与周公好生较量。昨天争辩的俩同事，今天似乎都蔫了，没了任何声息，奋笔疾书，安静了许多。近上午十一点，旁边办公室的同事来找我处理工作上的事宜。因为自己是一个急脾气的人，对于那些说话拐弯抹角，反应有点迟钝，甚至钻牛角尖的人，总是心生厌烦。

　　下午同事的儿子来办公室玩，小家伙虎头虎脑的，惹人喜欢。看到他，我的脑海中闪过一个念头，我和老公是否考虑再要一个孩子。但是一想到一篇关于一个妈妈为了女儿打掉二胎宝宝的新闻解读，我就不自觉地将生二宝的想法压抑下去。因为女儿从小就坚决地拒绝有一个小弟弟，加上之前的偏见，她怕是真接受不了。再说我们夫妻的身体也真不适合再要孩子。

晚上回家后，我看到老公和女儿在聊天，在说明天见音乐学院老师的事情。打了招呼，我默默进厨房忙活。其实，我很希望加入父女俩的行列。下次真的可以尝试一下，即使大家一起叫外卖，换一次一家三口的促膝长谈也是值得的。女儿翻来翻去，没找到合适的衣服。晚饭后，我和老公陪女儿逛商场，买了一堆衣服回来。女儿是心满意足了，可我又有一丝纠结。这么惯着孩子，像话吗？只是，我转头看着心满意足的女儿，似乎也没必要那么纠结。老公睡前问我有没有紧张的感觉。他说，一想到明天的安排，总有些紧张，有点像自己要参加高考一样的感觉。这进一步证实，女儿是爸爸上辈子的"情人"，对这个"小情人"他用情颇深，而我自然是争宠的角色，体会到失落。也许当女儿长大成人有了家庭之后，我就可以占老公为己有了吧。

徐少波回复

一扇门，在一面贴着"入口"的同时，另一面一定贴着"出口"。俗话又说，甘蔗没有两头都甜的。但这甜度不一的两头完美地结合在一起，成了"一根"甘蔗。人啊，都是只想"吃肉"，不想"挨打"。但有的人也知道，世界上没有这等"便宜事"。更多的人，在人生的历程中会逐渐适应。还有些适应不了的人，心理学上称之为"苛求完美"。"争宠"与"独占"，你觉得哪种滋味更好？

李克富点评
人与人互为镜子

人要脸，树要皮。人是这个世界上唯一一种要脸，也就是爱面子的动物。当然，这都是人的看法。其他动物会不以为然，甚至会认为世界上最不要脸的动物就是人。

在人看来，人的脸不像树的皮，也不像动物的面部。人的脸叫脸面，一个觉得自己有脸面的人，不只是觉得自己五官端正，更多的时候是因为自己有钱和地位，或者有个有出息的孩子，再或者穿了一身名贵的衣服。为了见一个老师，夫妻俩陪着女儿买了一堆衣服。这就是为了面子。不只是为了女儿的面子，更是为了自己的面子。

人是由一个"自然人"成长为"社会人"的，这个过程叫社会化。只有经过了社会化的人，才能成为社会的合格成员，才是真正意义上的人。心理学家发现，"需要"是一个人活着与生活、成长与成熟的根本动力。"需要"就是"欲求"。所谓"无欲则刚"只是一个隐喻。在现实世界里，"无欲则刚"的人不可能存在。当一个人真的做到无欲无求了，也就走到了死亡边缘，或者说心已经死了，所以，"无欲则死"或"无欲即亡"的表达更为准确。

马斯洛把人的需要分为五个层次，即生理需要、安全需要、情感和归属的需要、尊重的需要、自我实现的需要，并认为只有低层次需要得到满足后，高层次需要才能得以发展。前三种需要属于低级需要，为人和动物所共有，后两种则是专属于人的需要。爱面子就是"尊重的需要"的外在表现之一。这种需要得到满足，能让人充满信心，对生活满腔热情，体验到自己活着的用处和价值。

遗憾的是，尽管脸长在自己脑袋上，但更多的时候面子得靠别人给予。由于眼睛就长在脸上，因此一个人不可能看到自己的脸长什么模样。要想知道，有两种途径：一是借助于镜子，二是借助于别人的表情或者评价。社会心理学就把他人的评价当作一面镜子，因此称他人眼中的我为"镜我"或"镜中我"。这是一个有关社会角色和社会互动的经典概念，认为"每个人都是另一个人的一面镜子，反映着另一个过路者"。

　　就像每天通过镜子来观察脸面并根据需要涂脂抹粉一样，我们也正是借助于"别人"这面镜子来感知"镜我"并调整自己的行为。这并不是一件容易的事情，能否做好，取决于一个人的社会化程度。倘若社会化不良，就不会"看别人的脸色行事"，也就是不能清晰地看清"镜我"，因此做事不妥，"死要面子活受罪"也就不足为奇。

第 35 天

2015 年 1 月 24 日　周六　晴 ☀

跟女儿站在同一战线

　　早早起来，和女儿一起收拾，收拾的重点是她的外形。我们娘俩折腾了一个多小时，终于大功告成。老公开车，带着我们去机场，没多久就接到那个在我看来不食人间烟火、怪里怪气的半老男人，暂且称他为"古怪男"吧。大家相互寒暄后，他和女儿交流了一会儿，重点了解了女儿的学习经历，尤其是练琴方面的情况。看着"古怪男"一脸无动于衷的表情，我真心替女儿捏了一把汗。

　　老公把午餐安排在一家西餐厅，餐厅里恰好有空闲的钢琴。女儿就过去弹了那首难度很大、很好听的曲子。在我看来，女儿的弹奏真的是完美无瑕，与音乐会上的那些钢琴名家无异。结果"古怪男"先是很中立地评价一番，而后提出了严苛到打脸般的批评。女儿听得泪眼婆娑，我则搂着女儿，老公也快发火了。"古怪男"看到我们一家人的反应，随后大笑着说："行，你女儿挺有天赋，也很幸福。有你们这样的爸妈在后面支持她，而不是直接认可我说的东西，有这些，我想就足够了。"我们一家三口傻愣在那里。

　　后来我听说"古怪男"之所以古怪，是因为他以前刚做老师的时候，带了一个女学生。有一次，当着家长的面，"古怪男"指出了女孩的很多缺点，却不曾想，女孩的父母当着他的面打了女孩，结果女孩转身从七楼跳了下去。一个未来得及绽放的花朵就这么枯萎了。自此，他就成了"古怪男"，想成为他的学生，第一个要求就是心理素质要过关。

反思一下，若是在以前，我虽不至于打女儿，但肯定会跟老师站在同一战线，先对女儿批判一番。真的庆幸，跟随徐老师的脚步，我开始跟女儿站在同一战线，不管遇到什么情况，都真正关爱、保护自己的女儿。

我们聊到下午四点多，"古怪男"要去办自己的事，与我们告别。老公回到家，给"古怪男"发了表示感谢的信息。总的来说，"古怪男"对女儿的认可度很高，想让女儿年后去他投资的一个音乐学校学习，两年后参加高考，只要努力，考上名校轻而易举。女儿给我和老公大大的拥抱，而后欢快地在家跑来跑去。

在这个周六，我们殚精竭虑，却心满意足。似乎每个家长都会这样，陪孩子走到一条前途光明的大道后，心就会舒展很多。女儿的未来，一定是幸福美满的。

徐少波回复

多好的老师啊！一生为人，道路注定不会平坦。如果人人都像道教所说的神仙那样，没有任何痛苦，也没有人类的任何欲望，悠悠岁月，无事可做，在寂静的九天之上飘荡，这样的"生活"又有什么意思。因为人生之路不平坦，所以才有幸福快乐可言；因为人生之路不平坦，所以需要良好的心理素质来应对。

我想，老师考察的，除了孩子和家长的心理素质以外，还有家长对孩子学习钢琴的态度。

李克富点评

丑话说在前头，好话说在后头

说心里话，我十分喜欢甚至有些佩服这个"不食人间烟火、怪里怪气的半老男人"。面对初次见面的一家三口，尤其是对一个未成年人，他竟然能够予以"严苛到打脸般的批评"，而且在"女儿听得泪眼婆娑，我则搂着女儿，老公也快发火"时，能"大笑"，并说："行，你女儿挺有天赋，也很幸福。有你们这样的爸妈在后面支持她，而不是直接认可我说的东西，有这些，我想就足够了。"结果，"古怪男"把一家三口说得"愣在那里"。"愣在那里"不只是因为惊讶，还因为难以置信，也是内心被拨动的心弦即将迸发出狂喜的前奏。

社会心理学发现，如果你想给别人留下强烈且美好的印象，采用"先批评后表扬"的方式要比采用"持续表扬"的方式好得多；而"先表扬后批评"要比"持续批评"更让人难堪和讨厌。

"先抑后扬"和"先扬后抑"，虽然只是次序变化，但效果迥异。《庄子》讲"狙公赋芧"：跟猴子们说"朝三而暮四"，引来的是"众狙皆怒"；聪明的狙公就改变了说法，"然则朝四而暮三"，结果逆转，"众狙皆悦"。"朝三暮四"和"朝四暮三"，养猴人所付出的果实都是七个，可是只需要调整一下给予的顺序，就能让那群猴子由不高兴到高兴。

次序很重要，对猴子如此，对人更是如此。次序不但能影响喜怒，还可决定胜负。我那临淄老乡田忌将军和人家赛马，一等马赛不过人家的一等马，二等马和三等马也比不过人家的，最终总是以0:3败北。这个时候，孙膑给田忌支着儿："用你的三等马赛他的一等马，用你的一等马赛他的二等马，用你的二等马赛他的三等马。"结果田忌竟然以2:1赢了！

　　马没有变，变换的是出场的顺序。但人不是猴子。猴子喜欢朝四而暮三，因为猴子没有经过社会化，不会像人那样具备延迟满足的能力，它们只能享受当下的、即时的快乐。而人不一样，人是一种能够主动和被动地自我压抑，能够横向和纵向比较的动物，人知道明天的享受离不开今天的付出，痛苦的结束才是幸福，幸福的体验源自"从低处往高处走"，而不是"从高处往低处走"！谁都怕"先高后低"，人人都喜欢"先抑后扬"。你我可能只是知道人性的这一弱点，而那个半老男人却很好地利用了这一人性的弱点。高手！

第 36 天

2015 年 1 月 25 日　周日　阴　☁

我愿意和你一起无欲无求

　　今天一家人集体赖床，近上午十点才纷纷起床。女儿团购了三张自助餐券，由老公开车带我们前往，一家人一天就吃了这么一顿超负荷的饭。若是平日里吃自助，我肯定绝不多吃一口，可是经历了昨天的紧张和焦虑，看着女儿和老公兴奋地比拼，我也不自觉地加入，吃了好几盘水果和蔬菜，三个人真可谓"扶着墙进，扶着墙出"。

　　路上老公打开电台，听一个搞笑的节目，结果，女儿招架不住，让老公关掉，说吃得太多，再笑一下，就会发生"井喷"。我本来不觉得电台节目搞笑，却被女儿的话逗得笑到肚子疼。

　　下午老公在家玩游戏，女儿出去见朋友。我则继续在阳台看书，随手拿了一本《徐志摩文集》，一边读，一边感慨一个男人居然有如此细腻的情感。

　　老公休息时来到阳台，随手翻着书橱，然后对我说："虽然我们没那么多钱，也没什么权，但如果日子一直这般平淡惬意，我这一辈子也算知足了。"我没作声，想想的确是这样。追名逐利一辈子，劳苦一辈子，得到的只是一个形式，而真正能留给自己的是人生的感受与体验。相比之下，我更愿意和老公一起无欲无求。

徐少波回复

安宁，只有在暴风骤雨过后，才显得可贵；平静，只有在惊涛骇浪退去后，才愈加美好。当然，这份可贵与美好仅仅来自我们的感受与体验。生活，就在那里，不增不减、不好不坏、不偏不倚，能从中感受和体验到什么，完全是由个人所决定的。

希望你一直愿意和老公一起无欲无求。

李克富点评

聚得拢，分得开

一家三口能够"集体赖床"，步调一致地"近十点才纷纷起床"，之后，又能一起去吃团购的自助餐，并彻底放开，"扶着墙进，扶着墙出"，回家的路上又笑得肚子疼。这无疑是周日里的一段美好时光。

在现代都市里，随着孩子慢慢长大，这种和谐的聚拢无论对哪位家庭成员来说，都是一种奢侈的享受。聚得拢，难啊！更难的和更美好的是接下来的分得开。"下午老公玩游戏，女儿出去见朋友。我则继续在阳台看书"，而且看的是《徐志摩文集》，进而还发出了一通人生感慨……聚得拢又分得开，是一个家庭成长的较高境界，也显示着这个家庭开始成熟。

人是因为聚拢才成家的，家就是同一个屋檐下的聚拢。聚拢满足了我们内心深处的依恋和安全需要，也让我们有着对生命延续的期待和深层次的幸福。但聚拢不是重叠，聚拢是一种有边界且有时限的靠近，可以是"你中有我、我中有你"，但绝不能成为"你就是我、我还是我"，不能一切以我为中心，不是你我不分的纠缠和融合。分得开，比聚得拢重要。而在我看来，能够体验到这种分得开和聚得拢，并能把它们描述出来更加重要。

这篇日记，以极为写实的手法，把一个家庭的幸福展现在我面前，栩栩如生。我当然知道，这样的幸福很短暂，甚至可以用"转瞬即逝"来形容，但可能正因其短暂才更显得弥足珍贵。我在想，是什么创造了这种弥足珍贵的幸福？

我想到的第一点是，这是当代中国的一个富裕家庭，不但衣食无忧，而且夫妻两人都有着体面的工作。我想说的是，虽然在比例上这样的家庭不会占多数，但在数量上绝对不会少。可以说，我在门诊上所接待的求助者，大多数人来自这样的家庭。问题是，他们并不幸福！临床观察发现，不幸福的原因就是家庭成员之间彼此攻击、互相掣肘，当然，很多时候都是以"爱"的名义。

我想到的第二点是，这种幸福是女主人对幸福生活的描述，而不是幸福本身。这是一个心理学或者哲学的说法，因为描述是对生活的提炼和超越。没有人会相信，一个闲暇时不是面对着锅碗瓢盆或者盯着电视，而是手捧一本《徐志摩文集》的女人，是一个等闲之辈。正是女主人的文学修养，才使得我们看到了能激发我们心底某种情愫的描述。先为女主人的描述能力点个赞吧！

第37天

2015 年 1 月 26 日　周一　阴

把心放进皮囊，一切都会安好

　　今天天气不好，路上堵车的现象愈加严重，原本十多分钟的车程，我开了一小时。路上看到多起刮擦事故，借堵车之机观摩人性，深有感触。

　　快过年了，同事们多了许多关于年货的谈资。似乎年味儿就这样被发酵、扩散，可是仅限于形式。我对年的那份期许，依然遥不可及，人老了似乎注定要失去年少时的简单欢愉。对于下午的工作会议，我也是不知所云，总之，要轮岗加班，要注意安全，等待过年。

　　我和老公一起在婆婆家里吃晚饭，老人家今天似乎比往常更开心，忙里忙外，还不忘数落儿子，教导儿子要对媳妇好，如此云云。我心窝里暖暖的。想必未来如有机会做丈母娘，我也会做一位有智慧的长辈吧！女儿今晚不知去哪了，我们联系不上她。我有一丝丝的担忧，也许真的是因为女儿的手机没电了吧。把心安放在皮囊里，一切都会安好！

徐少波回复

心窝里暖暖的！人之所以被称为人，就是因为有"心"。食色、名利、权势，我们的努力、我们的追求，说到底，满足的是"心"，是心理需求。那如何来衡量我们的付出是否满足了自己的心理需求呢？很简单，一句话，心窝里暖暖的！如果我们通过努力，能让别人的心窝也暖暖的，比如孩子，那我们就真的是不枉为人。

李克富点评

由"皮囊"所想到的

"皮囊"是佛家对身体的比喻。佛法告诉我们，要"观身不净"，也就是要看到身体不过是皮肤包裹着的一些污秽物，比如充满血腥味的肌肉和筋骨、恶臭的胃肠内容物，而身体开向外界的九个孔，更是不干净，比如要排出粪便、眼屎、耳屎等等。看到这一点，我们才能超越对色身，尤其是对淫欲的贪恋，获得解脱，有所成就。

佛家之所以强调"不净观"，就是因为意识到了人们对于皮囊的执着。其实，将我们与外界隔开的门窗和墙壁就是一个家的皮囊。就像我们看一个人的皮肤一样，一个家庭的外表可能光鲜亮丽，但内部呢？民间那句"家家有本难念的经"，就把该说的都说明白了，也都说尽了。只有认识并接受了这句话，才会在面对那本"难念的经"时不慌张、不抱怨、不逃避。

既然不可避免，只能积极准备。佛家讲超越皮囊，我们普通人则只能先与皮囊痛苦地共存，进而实现超越。就像一个人的心理发展一样，一个家庭的成长也表现出普遍性和特殊性的统一，呈现出自身的方向性、顺序性和不平衡性。这些都决定了家庭的成长就是一个伴随着念那本"难念的经"的过程。

借助于妈妈记日记这一形式，我们所看到的这个家庭，就正处于青春期，而不是只有女儿处于青春期。这个家庭也会表现出这个青春期女孩所展现出的矛盾性特点，从而失去既往的平衡。

很多人可能不相信。当家长觉得自己的孩子出现问题时，我是不主张孩子看心理医生的，尤其反对家长逼迫着孩子走到心理医生面前。这个时候，我常常建议那些受过教育的家长先去读一本书，叫《少有人走的路》。对于这本书，我读过不下百遍，能够复述出其中的大部分内容。

书的第一部分谈"自律"，开篇的第一句话是："人生苦难重重。"接下来，作者肯定地说："这是个伟大的真理，是世界上最伟大的真理之一。它的伟大，在于我们一旦想通了它，就能实现人生的超越。只要我们知道人生是艰难的，只要我们真正理解并接受了这一点，那么我们就再也不会对人生的苦难耿耿于怀了。"

在我眼里，"人生苦难重重"的真理，就源自佛家的"观身不净"。的确，精彩人生的皮囊，掩盖的是无尽的苦难。家庭又何尝不是如此！好在，我们能够超越。

第 38 天

2015 年 1 月 27 日　周二　晴　☀
女儿失踪了，日记中断

　　今天的日记是后来补上的。根据记忆写，似乎会更改很多原始的情绪，也会让人的剧烈情绪慢慢回归平静。经历了这样的事才发觉自己并未彻底改变，之所以能有一段如此平静的时间，是因为没有事情冲击。一旦有事件发生，我的情绪还是会崩溃……

　　昨天晚上女儿没回家，今天依旧没音讯。我和老公急得像热锅上的蚂蚁，种种猜测，各种寻找，女儿依然是杳无音讯。我又回到之前的黑暗里，无法自拔。所有能联系女儿的方式我们都用了一遍，依然没有女儿的任何消息。最后我通过某种途径得知女儿已离开青岛，目前在西安。我把了解到的情况告诉老公，他比我更受打击，似乎不能相信这样的结局。我们不清楚女儿为什么没有任何迹象地突然离开。

　　我和老公一夜没睡，凌晨一点时老公突然说："你有没有想过女儿被绑架了？会不会有生命危险？"一句话让我大哭不已，不是因可怕的可能性，而是因自己的冷血，在这一天的寻找中，我丝毫没有想过女儿是被动离开，固有的思维已让我相信女儿是重返旧路。我觉得自己很可悲！

徐少波回复

相信，任何一位父母遇到类似的情况，都会像"热锅上的蚂蚁"，因为父母爱孩子，甚至超过爱自己。但父母又必须选择坚强，因为只有这样才能实现对孩子的爱。你今天的"崩溃"，与之前的"崩溃"，已不可同日而语。因为，你已经在迫不得已中选择了成长。更因为，你在迫不得已中已经成长。

李克富点评
日记是可以后补的

我不相信在这个世界上有很多人能够坚持每天都写日记。而能够做到这一点的一定不是常人。因为人吃五谷杂粮，总有劳累的时候，病了的时候，遗忘的时候，有当天完不成应该完成的日记的时候。问题的关键不在于当天能不能完成，而是当发现当天的日记没有完成时，接下来会怎么办。有人会采用补写的方式。至于在什么时候补，是不一定的。

我们通过这几年的跟踪观察发现，那些最终能够坚持写三个月日记的家长，出现没有按时完成日记的情况时，多数人会在三天以内补写。相较于那些能够一天不落地坚持写了三个月日记的人，我更赞赏那些靠补写最终完成了日记的人。前者，要么本来就有写日记的习惯，要么具备"说到即做到"或"当日事当日毕"的行为能力。而后者，坚持写三个月日记则常常是一种全新的尝试，他们首先需要克服自身的弱点，继而需要付出更多的努力。

我也跟踪、观察过不少答应得很好，甚至当初在我面前信誓旦旦，但最终选择了放弃的人。他们不是真的缺乏写日记的能力，而是那种苛求完美的个性特征使得他们不能在残缺中坚持。

　　有一位妈妈在第一天的日记中，用近三千字陈述事实、感慨人生、发誓明志。在给这位妈妈的回复中，我提醒她"悠着点儿，细水才能长流"，写日记不求高大全，贵在或多或少地坚持。这位妈妈很不以为然，一如既往地写了两周的日记。待到我发现这位妈妈的日记已经中断两天后，给她打电话，鼓励她继续时，她说："已经两天没写了，无论如何去补，也和原来的风格不一样了。"听到这样的表述，我一般不会说什么，因为我知道说什么也没有用了。

　　数不清曾经多少次和这种人打交道，我知道他们的失败就在于不能容许失败和欠缺，他们不相信破镜可以重圆，认为哪怕是重圆了其裂痕依然存在，不知或根本不能接受那面带着裂痕的镜子并不影响使用，我们用它同样能看到自己的面容。

　　"坚持写三个月的日记，对你而言，最大的挑战就是你苛求完美的个性特征。"在开始时我们会反复叮嘱家长，"写得不好不要紧，要紧的是坚持写；落下也不要紧，要紧的是能够及时补上。"我们很高兴地看到，这位妈妈做到了。

第39天

2015 年 1 月 28 日　周三　晴 ☀
用眼泪写下这篇日记

补完昨天的日记，我其实已没有记录的心情了。眼泪依然在簌簌地落下！今天我和老公都没上班，也没有出去寻找女儿，而是各自时不时地给女儿打电话、发信息，在QQ、微信上留言，只是女儿依然没有回应。

此时此刻，更让人狂躁的并非女儿出走的事件本身，而是对事件的担忧与不确定。女儿到底是怎么回事，到底有没有出事，到底是不是又陷入黑暗？总之，是这些纷杂的思绪而不是事件本身让我难受！也许我作为一个母亲太失职，投注在女儿身上的情感太少，以至于现在我更多的是被事情困扰，而不是为女儿劳神费思。

徐少波回复

我相信，女儿已经不是昨天的女儿了。今天的她，已经有了回归家庭的体验，有了被父母重新关爱与认可的体验，有了对音乐、对前途的憧憬……

对事件的担忧、纷杂的思绪，在某种程度上我们是无法控制的。但今天的我们可以在这些思绪中加上对女儿的信任，因为女儿已经发生变化。

在很大程度上，我们不是被事件本身所控制，而是被自己对事件的认知以及由此产生的情绪所左右。既然"战争"发生在脑袋里，那我们就给它找个势均力敌的对手。

李克富点评
贵在"没有心情"时能够坚持

"补完昨天的日记，我其实已没有记录的心情了。"由这句话我们可以推断，今天的这篇日记是在"没有心情"的情绪状态下完成的，与之相伴的是"眼泪依然在簌簌地落下"。

一个人"没有心情"时，就"不想"或"不愿"。可贵的是当头脑中"不想"或"不愿"时，一个人却依然能够从事着指向目标的任务，依然在干。

这位妈妈告诉我们："不想"或"不愿"并不能必然导致"不干"！同样，"想"既不是"干"的充分条件，也不是必要条件。

一个人的意志力，体现在"想干"时，能够明确目标，并克服"现实困难"实现目标；更体现在"不想干"时，依然能够明确目标，并克服"情绪困扰"实现目标！

是以情绪为导向，还是以目标为导向，其实是判断人能否成功的试金石。"成功者立长志，失败者常立志。"前者就是以目标为导向的，后者正是因为不能挣脱情绪的困扰而陷入不断地下定决心却又不能把决心付诸行动的失败境地。

管理学也有着同样的表述：成功者一旦确定目标就不再轻易变化，而是通过变通方法实现目标；失败者则常常轻易改变目标，但是从来不知道变通自己的方法，即所谓的"脑子一根筋"。

人生不如意事十之八九。面对时常出现的"不如意"之事时，你是积极主动地去完成，还是消极被动地应对或逃避？

你即使不想上班，也得去上班；你即使觉得药物苦口，也得吃药；你即使觉得孩子不如自己意，也不能因为"没有心情"而选择放弃孩子。

一位脑瘫孩子的妈妈跟我说，从确诊孩子有问题的那刻起，她就产生了想把孩子扔掉或把孩子毒死的念头。这个念头持续了近10年，这位妈妈也为此痛苦了10年。直到有一天，这位妈妈意识到了自己的责任，领悟到一切都是最好的安排，尽职尽责，接受现状，不能感情用事，从此，她感到一切都变了。

今天的日记深深地触动了我，让我联想了许多，甚至想到了当年的韩信，从别人的胯下爬过，这当然是他不想和不愿做的事，但是他做了。

人之所以在"没有心情"时依然能够做"不想或不愿做"的事，是因为心中有着一个既定的目标，一种超越现实的理想或愿望在召唤并引导着自己。

第 40 天

2015 年 1 月 29 日　周四　晴 ☀

屋漏偏逢连夜雨

　　早上五点多，我收到女儿发来的短信：过几日回家，不用费力找我。同时，老公的微信接到女儿发来的图片：端着酒杯的她对着镜头微微一笑。查看了图片日期之类的相关信息，应该是刚刚拍的，图片中的女儿穿着离开前穿的衣服。老公回复：注意安全，早些回家，心疼！随后我看着老公，眼泪又掉下来……

　　今天单位要进行年底考评，暂时因工作而把烦恼打包放在一侧。下午老公因心脏问题再次入院，我急匆匆赶去照顾。似乎总是"屋漏偏逢连夜雨"，我有一种要垮了的感觉。我似乎没了先前的诸多抱怨，只是在努力地应对事件，然后反思自己。"心理的成长注定要在挫折中前行"，徐少波老师的这句话，近两天一直在我脑海中盘旋。也许正是因为这些境遇，我才开始新的成长与前行吧。

　　我有些心疼老公，都说女儿是父亲上辈子的"情人"，那老公真是上辈子做了太多孽才让这个"小情人"这么折腾他。老公面无表情地躺在床上，似乎有一丝绝望。女人绝望也许就是伤心，男人绝望会怎么样？不想再想。只希望这个陪我走了这么久的男人，能健健康康地和我一直走下去，不管是以什么作为支撑。

今晚在医院陪床，我把日记记录在随身带着的本子上，明天上班时再把它与其他日记放在一起吧。这一篇日记像极了我和老公此刻的境遇，孤零零地飘来飘去。但我知道，终归有一天，有那么一个时刻，生活会步入正轨。

徐少波回复

"我似乎没了先前的诸多抱怨，只是在努力地应对事件，然后反思自己。"这句话，让我看到了你切切实实的成长。没有了抱怨，就脱离了情绪的控制；努力地应对，问题就总有解决的一天。

终归有一天，有那么一个时刻，生活会步入正轨。

李克富点评

"屋漏"为何"偏逢连夜雨"？

据说，姜子牙当年穷困潦倒，以走街串巷卖面为生。某一天，近中午了，姜子牙都没开张，好不容易盼来了一个顾客，可就在他刚把担子放下时，官府的马队冲过来踏翻了箩筐。此时，恰巧又刮过一阵狂风，撒在地上的面再也无法收拾。姜子牙仰天长叹："我的命运为何如此不济！"话音未落，一只乌鸦飞过，把一坨屎屙在了他的头上。姜子牙捡起一片石头扔向乌鸦，没想到却击中了树上的蜂窝，马蜂铺天盖地般朝他袭来。无奈之下他只有仓皇逃命，结果又因慌不择路，一脚踏进了粪坑……

这是我小时候听说书人讲的。姜子牙是齐国的开国君主，齐文化的缔造者。说书人讲这段故事，是想告诉我们"人人都有倒霉的时候，姜子牙也不例外"。说书人讲的是命运，强调"运退黄金失色，时来顽铁生辉"，当霉运来的时候，喝口凉水也塞牙。

抛开命运不谈，在生活中我们的确大都亲身经历过祸不单行、霉运连连，即所谓"屋漏偏逢连夜雨"。该如何解释这种倒霉现象呢？

其实不难。首先，从概率上来说，在生活中"事情变坏"的概率本来就比"事情变好"的概率要大得多。一般而言，人人都有得到"最好结果"的心理预期，结果却更容易得到"不好"，甚至"最差"的结果，其心理落差自然巨大。心理落差越大，越容易记住该事件。

同时，心理学家们还发现，作为"坏事"的"损失"总是比作为"好事"的"收益"更能引起人们强烈、深刻的感受。因此，人们会更多地关注并记得那些错误、失败的经历，于是也就更容易经常地感受到"喝口凉水也塞牙"或"屋漏偏逢连夜雨"。

其实，这也是生活当中的一种墨菲定律：如果坏事有可能发生，那它总会发生，并造成最大的破坏。

我们没有能力阻止诸如连夜雨之类的坏事发生，但完全可以去修整自己那漏雨的屋子；如果我们不得不喝凉水，又清楚自己正霉运当头，就不会再把喝水塞牙当成巧合或偶然发生的事。具体到生活中，当"女儿失联"这一倒霉事件发生时，就要想到"老公心脏病发作"的必然，从而做出有效的应对措施。

第41天

2015 年 1 月 30 日　周五　晴　☀

那段惨不忍睹的记忆

早上我照顾完老公，在医院的卫生间稍微收拾了一下自己，便回单位上班。快到单位时，我看到一只从花坛里跳出来的野猫被车撞倒，它发出一声惨叫。我愣住了，在恍惚中急刹车，导致后面的车和我的车追尾，我失去了一贯的处事风格，呆呆地坐在车里，看着后面的车主对我怒目相向，看着他不停地打电话……

我想起小学三年级的时候，学校组织了一场与其他学校的联谊活动。那时临近寒假，对方学校为了迎接我们的联谊队伍，煮了两大锅地瓜粥，让我们这些从城里来的学生先去盛，可轮到我过去的时候，突然跑出一只几个月大的猫咪，很活跃地蹦蹦跳跳，当我伸手去接碗的那一瞬间，那只小猫掉到了滚烫的锅里，一声惨叫，它就硬挺挺地死在锅里。那一刻，我吓得扔了饭碗，木木地站着，手上被烫起了水泡，也不觉疼痛……

时隔几十年，每次想起来这件事，都觉得是昨天发生的事。今天，相似的画面又一次冲击着我的内心。此时不像那时有众多老师、同学的安慰，此时只有面前这个怒目相对、膀大腰圆的市井男人……

中午领导特地过来问候我，准我下午无须工作，直接去照顾家人。老公气色稍有好转。女儿半年多的折腾，虽然让老公的身体大不如前，但似乎让我和老公的感情更加深厚。

下午婆婆打电话给我，要我们周末过去吃饭，我借口年底事多推辞了。听得出老人家有些许的失落，似乎母子连心，她不时问我她儿子最近怎么不给她打电话，她孙女怎么也不给她打电话。我用善意的谎言骗过老人家，转而好好照顾眼前人。可能是因为药物作用，老公这几天睡得特别多，但熟睡中的他总是用手捂着胸口，似乎还是觉得憋气。那张脸没了年轻时的阳光，也没了之前的那份惬意，似乎时光那把刀已经把生活的各种色调、纹理精准无误地印刻在他的脸上。

徐少波回复

应对工作，牵挂女儿，照顾老公，你辛苦了！

在这非常时期，你已成为整个家庭的支撑，要时刻提醒自己注意身体、注意情绪。

李克富点评
一日被蛇咬，十年怕蛇

"看到一只从花坛里跳出来的野猫被车撞倒"，伴随着一声惨叫，就让"我愣住了，在恍惚中急刹车"，"失去了一贯的处事风格"，以至于"后面的车和我的车追尾"。

这种表现不是一般意义上的"害怕"，而是"恐惧"，因为其反应程度已经高于现实的刺激。

"害怕"是人与生俱来的，"恐惧"则是在"害怕"的基础上演化而来。正如本篇日记所描述的，作者所"害怕"的，不只是当下那只被车撞倒的野猫及其惨叫，而是眼前的这一幕唤醒了作者上小学三年级时那段惨不忍睹的记忆：同样是一只猫，也是突然跑出来，在掉进滚烫的粥锅里的瞬间也发出了一声惨叫……

包括恐惧在内的所有情绪，都不只是现实刺激的结果，更重要的来源是现实刺激激活了当事人过去的情绪记忆。这种触现在的景而生出来过去的情——触景生情，就是精神分析所言的移情。

人是不能离开自己的历史而独立存在于当下的。历史当然不是过去本身，历史是基于当下而对过去的反刍，历史的呈现主要靠记忆。也可以说，我们通过记忆来反映自身的历史。

心理的成长与成熟，离不开挫折和创伤。这二者的区别在于，如果我们能够战胜所遇到的困难，这种困难就是挫折，它使得我们能够"吃一堑，长一智"。而一旦这种困难超出了我们当时的应对能力，就构成了创伤，尽管当时的我们并没有被彻底击垮，但是我们的防御系统也会对此做出反应，并最终在内心深处形成一个解不开的结或瘢痕，如果再次被碰触，就会引发当时的疼痛。于是，就有了"一朝被蛇咬，十年怕井绳"。

还有的人是"一日被蛇咬，十年怕蛇"！

就像这位小时候曾经见过猫被烫死惨状的妈妈，依然会因再次见到野猫被撞而惊慌失措或失魂落魄，当年被"吓得扔了饭碗，木木地站着"的一幕重现于眼前（脑海），现在她的反应方式依然是"愣住了，在恍惚中急刹车"，结果，车被追尾了，这是比当年扔掉饭碗更严重的后果。

这也算是一种程度较轻的"创伤后应激障碍"。她讲的那个"遥远的故事"让我们看到了她头脑中出现的"闪回"。闪现过去的情境是指对引发人强烈情绪反应的创伤事件的记忆，就好像当事人重新体验了一次创伤性的事件。让我们欣慰的是，尽管不像那时有众多老师、同学的安慰，但心理的成熟已经足以使她面对那个"怒目相对、膀大腰圆的市井男人"了。

第 42 天

2015 年 1 月 31 日　周六　晴　☀

唯一能做的就是默默地祝福

　　一早，我本打算开车从医院回家拿老公的换洗衣服，谁曾想，我的车被各种乱停的车辆围堵，没法开出来，只能出门坐出租车。我好不容易打上车，却发现有一位老太太坐在后座上，我刚想下去，司机开口说："姐，这是我母亲，从外地来，没地方去，我就带着她和我一起跑出租，到交班的时候我再带母亲回家。"没想到，这样的事会真实地发生在我身边。到楼下后，我让司机在楼下等我几分钟，而后带我返回医院。把这个事说给老公听，他淡淡地一笑说："没找到好儿媳妇呗！"

　　中午医生例行检查，把我单独叫到办公室，说老公心脏瓣膜受损比较严重，建议定期检查，长期服药。那些专业词语对我来说太难记了。总之，老公的心脏很脆弱，需要呵护。按照医生的指示，老公这周末必须在医院里度过，下周一可以正常上班。我跟老公商量，让他提前休年假，正好在家养养心。

　　晚上写日记时我才想起来，已经两天没在日记里提及女儿了。也许放手真的是最好的选择，相信女儿有明辨是非的能力，知道自己到底在做什么。我和老公唯一能做的就是默默地祝福女儿。这也许是最无奈之举，也是最有效的方法。到了这一刻，我们只希望女儿健康、平安。

徐少波回复

出租车司机带着母亲工作的事让我很感动，虽说是无奈之举，但也在明确地告诉我们：生活，没有固定的模式，只要我们有心、有爱，就总会有办法，总可以将生活过得有滋有味。

放手，是最好的选择。如果我们主动为之，放手就不是无奈的选择，即便我们要承受放手后的焦虑与痛苦；如果不主动放手，生活也会强迫我们走这一步，因为孩子正在长大，已经长大。在大树底下的小树苗是长不成参天大树的。未来的生活属于我们，也属于孩子，但终将属于孩子。

放手，不代表放弃！

李克富点评
默默地祝福是爱的一种境界

不知道有多少人曾经为别人默默祝福过。你有过吗？你默默地祝福过谁？我不说你也明白，逢年过节我们所群发的祝福信息，是希望普天下的人都知道你在给别人祝福，这种祝福其实就是一种形式，你只是借用了现代科技手段动了动"手"，千篇一律的文字证明你连"脑"都没动，更不会动"心"。因此，在这种祝福当中没有"爱"，"爱"得走"心"。

正因为如此，那个曾被你默默祝福过的人，一定是你生命中至关重要的人。而你能够默默地祝福别人，也一定是内心被爱充满且达到了某种境界的人！

　　具备这种境界的人非常少，而把爱挂在嘴上并认为自己达到了这种境界的人非常多。可能正因为看透了这一点，有人说："真正的爱，从来就是人类的一种奢侈品，不要轻言爱。"

　　我曾无数次问过那些被丈夫偷情所伤害的女性："还爱你的老公吗？"有人迅速且肯定地答："爱，当然爱！"有人则思考后流着泪说："说不爱是假的。我如果不爱了，就没有必要痛苦了，也就没有必要做心理咨询了。"接下来我会故作轻松地问："现在老公被狐狸精拐跑了，不属于你了，但是他还活着，甚至幸福地活着。还有一种可能，丈夫不是被狐狸精拐跑了，而是被车撞死了，同样是不属于你了，可他已经死了。现在请你回答我，如果让你选择的话，你会选择前者，还是选择后者呢？"

　　结果，很多人会斩钉截铁地答："那我宁可让他撞死！"

　　这是爱吗？这是自私，背后是对丈夫的那种深深的情感依赖。

　　心理医生说不明白"依赖"到底是什么，但是十分肯定："依赖"不是爱！

　　而且，活生生的现实促使心理医生们经常思考一个问题：当孩子到了青春期，到底是孩子依赖父母，还是父母难以割舍对孩子的依赖？

　　这两个问题其实并非相互对立。经济上，那个觉得自己已经长大而实际上仍未成年的孩子必须依赖父母，尽管有些孩子不这样认为；心理上，则是当意识到自己养育十多年的那只温顺而听话的猫，即将变成一只独立的虎时，父母在无意识中的那种不甘与抗争，就是对儿女"付出必有回报"的依赖！

　　以上思索与概括，正是基于本篇日记中的那句话："我和老公唯一能做的就是默默地祝福女儿。"再次赞叹：这是一种领悟，也是一种境界！

第43天

2015年2月1日　周日　晴　☀
两个人的小生活

　　夜里我被相邻病床的老大爷吓醒，听说老人家89岁了，心脏已经工作了89年，濒临油尽灯枯，医生建议他的家人准备后事。凌晨三点多，老人家开始急促地呼吸、疼痛，声嘶力竭地叫嚷着，很快儿孙们都到床前，看着老人慢慢地把最后一口气呼出，一切静止，他安然离开。虽然经历过很多生死离别的场景，但这么近距离地观看人的死亡还是第一次。看着老人这么离开，他的家人先是痛苦，随后渐渐平静，互相安慰道："这是喜丧，应该高兴。"

　　下午我办理完老公的出院手续，然后收拾妥当，开车带老公回家。路上遭遇堵车，那么近的距离，我们花了四十多分钟才到家。也挺好，我能有时间静心观看堵车时人们的种种表现：狂按喇叭，开口谩骂，互相抢道……以前我也是其中一员，自从学会了"跳出来"看问题，才猛然发觉之前的自己多么可笑。

　　回到家，我给老公做了清淡的粥和几个爽口青菜，给自己做了一个豆腐煲，两人一起静静地吃完。似乎，我们提前开始了老年生活，没了其他的羁绊，只专注于两个人的小生活，安安静静，无欲无求。

徐少波回复

新的平衡已经建立：没了其他的羁绊，只专注于两个人的小生活，安安静静，无欲无求。但在不久的将来，这种平衡肯定还会被打破。我们这一生，就是平衡被不断打破又不断建立的动态平衡过程。在这起起伏伏当中，我们体验着喜、怒、哀、乐，体验着人间的美好，也体验着人性的肮脏。这就是生活，这才是生活！

也正是因为起起伏伏与动荡不安，家，才显得重要，才成为我们的港湾。为自己，也为家人，营造一个家吧！

李克富点评
无欲无求，可遇而不可求

马斯洛把人的需求分为依次增高的五层：生理需求、安全需求、爱与归属的需求、被尊重的需求和自我实现的需求。他认为，只有低层次的需求得以满足，较高一级的需求才能产生。他还认为，那些满足了自我实现需求的人会有一种"高峰体验"。

对此，我很不以为然。因为对立统一原则告诉我，有高峰必有低谷，一个有高峰情绪体验的人，接下来的情绪就会跌入低谷，甚至会抑郁。

由此，我在想，人的需求不该只有五个层次，在自我实现的需求之上还应有一个更高的需求：无欲无求。这不难理解：一个人都实现自我了，也就圆满了，还会有什么需求！

我把无欲无求当作人生的最高境界。马斯洛说，在现实生活中自我实现的需求得到满足的人并不多，因此也只有少数人才会有那种高峰体验。由此推论，在现实生活中达到无欲无求境界的人就更是凤毛麟角了。

可在门诊上，我经常碰到一些自称已经无欲无求的人。印象深刻的是，一位抑郁的女性，第三次来找我做心理咨询时，用低沉的语调说："我从小家境不好，经过一番打拼后才有了现在的生活。曾经事业不顺，离过两次婚。可以说见识了大风大浪，也经历了情感挫折。现在，该有的都有了，我已无欲无求，心如枯井。"

听她这么一说，我竟没有忍住，笑出声来。

"你笑什么？"她有些生气。

我反问："你觉得呢？"

"你在嘲笑我？"她是敏感的。

我依然反问："你不觉得自己的说法可笑吗？"

她的脸红了。不用我再多说，她已意识到：一个无欲无求的人，是不可能坐到心理医生面前寻求帮助的。寻求心理帮助的动机就源自内心的欲求。

我问她："面对我的嘲笑，你有什么感受？"

"愤怒！"她答。

"这正是我想达到的目的。"我解释说，"抑郁就是一种自我攻击。而我，通过嘲笑，成功地把你对自己的攻击转变成了对我的愤怒，这是走出抑郁的重要一步。"

听我这么一说，她的情绪平复了。接下来，我就跟她探讨："那么，你寻求帮助的欲求是什么呢？"

"早点走出抑郁啊！"她说，"我过得太痛苦了！"她又补充。

我立马跟进："走出抑郁后，当你不再痛苦时，又有什么欲求？"

"那我就继续……"当说到"继续"时，她却没有继续说下去，竟然笑了！

我相信她已经领悟到自己想要的生活不是无欲无求的平静；我也

相信她已经领悟到抑郁的原因就是自己强烈的欲望没有得到满足——那种疯狂填充"欲望"的日子不能继续。

本篇日记的结尾又见"无欲无求"。但愿这不是一种错觉，因为"无欲无求"虽"不可求"，却还是偶尔"可遇"的。

第 44 天

2015 年 2 月 2 日　周一　晴　☀

孩子长大了

　　难得不堵车的周一，我提前到了办公室。看到临桌刘姐拿了一堆零食过来，说是老家的亲戚来这边，送给她好多家乡特产，所以分给大家尝尝。

　　由于今天领导去开会了，因此我们例行的周会也被推迟了，这让本来略显繁忙的周一顿时冷清了。大家依然是你一言我一语地谈着各种话题。想想办公室的谈话，像极了鸭子群，当领头的鸭子突然改了方向，其他的鸭子必然会嘎嘎欢叫着随波而去。写到这，我忍不住笑了出来，虽然这个比喻有点低俗不贴切，但能传递最直观的感受。

　　下午我接到老公电话，说之前带女儿见过的音乐学院的老师，想带女儿这个学生，若是女儿愿意，准备一下，年后可以过去学习。听到这个消息，我不知是该悲还是该喜。交给老公处理，我还是继续隐匿吧。我既然选择顺其自然，那就继续坚持，放平自己的心态，急也没有用。老公自然不会那么顺利地联系到女儿，只是发了信息和微信，告诉她这个消息，至于如何选择，随她去吧。

　　晚上老公说铁哥们家出了事，让我帮着照顾铁哥们家四岁的儿子，我有点措手不及。我只有养女儿的经验，完全没有养儿子的经验。好在孩子很懂事，又不惧生。小家伙拉着我坐在一边，要讲故事给我听，要给我看他最珍贵的宝贝和最好的伙伴，等等。睡前我要给小家伙洗澡，他很自豪地说："阿姨，我自己洗就行了。妈妈说，男生和女生是不可以一起洗澡的。"哈哈，我笑岔气了。我似乎好久没笑了。这颗开心丸来的正是时候。

待小家伙熟睡，我开始写今天的日记。与男孩短短几小时的相处，勾起了我的万千思绪，想起幼年的女儿。女儿长大了，再也回不到那时候。其实，根本不需要回到那时候！

徐少波回复

今天的日记，出现了两次笑声，一次来自对生活现象的细心观察与体验，一次来自感受孩子纯真的心灵。这更说明，你的内心已经趋于平静。风景，就在那里，无所谓美丑。能评判美丑的，是我们的心灵。但是，波光粼粼的水面，映照出来的像永远是一团模糊。

很赞同你说的，根本不需要回到那时候。追忆往事和回想当年，都是无法应对现实的无奈之举。成年人总是觉得童年是快乐的，但去问问那些正在经历童年的孩子，他们要么会追忆更小的时候，甚至想回到妈妈的肚子里，要么就是向往快快长大。过去的已经过去，无论是快乐还是悲伤。让我们努力地活在当下吧！

李克富点评

未来是不确定的

看了今天的日记，我头脑中闪过一个念头：如果让这位妈妈来养育这个四岁的男孩儿，或者再生养一个孩子，会如何？

这个念头一出现，我立马把它打消了。因为我意识到了这个念头潜藏的邪恶——这种假设其实是对这位妈妈和这个家庭的诅咒!

当我闪出这个念头的时候,我已经把这个妈妈当成了一个失败的妈妈,我已经把女儿所谓的问题归结成了妈妈的问题,我已经认定这个妈妈就是一个有问题的人。而一个有问题的人,是不可能把孩子养育好的,无论是第一个,还是接下来的第二个、第三个……

作为心理医生,这种单一的归因方式真的十分可怕,也一定会在临床操作中害人不浅。权且不说女儿的问题是不是一个真正的心理问题,即使女儿的心理问题是真实存在的,母亲也不过是这个问题发生的原因之一,而不可能是唯一的原因啊!

在物质的世界里,可以轻易做出清晰的单一归因:一个原因会导致一个结果,而看到一个结果也可以寻找到造成这个结果的那个原因。比如,打开电灯开关,"通电"这个因,就会导致"灯亮"这个果,而见到"灯亮"这个果,也可以推断出"通电"这个因。

而在心理的世界里,它是不存在或者没有如此清晰的因果关系的。谁也没有能力根据一个因来推断可能导致什么样的果,因为善因造成恶果的现实司空见惯。相反,一个好的结果,也不见得就源自起初那个良好的因。今日被人仰慕的龙凤,可能就是过去被人鄙视的跳蚤,而未来的那些跳蚤,也可能就是今天所播下的龙种。

"未来是不确定的。"后现代取向的心理医生始终秉持这一理念,同时他们对不确定的未来又充满了美好的期待。

"你把一个硬币连续抛起10次,结果均是正面朝下。请回答我,当你第11次抛起硬币后,它落地时是正面朝上还是正面朝下?"在门诊上,我会依此来启发那些悲观的失败者,让他们明白:无论过去如何,无论失败过多少次,都不能决定未来。只要尝试,成功的概率总有50%。关键就在于继续尝试,而不是放弃!

因觉得第一个孩子没有养好就不敢再养育第二个孩子，无异于因噎废食；因孩子的现在和过去不尽如人意，就对自己和孩子的未来悲观失望，无异于自杀或作死。

我知道这话说得有些重，唯愿这样的刺激能让更多的人惊醒。

第 45 天

2015 年 2 月 3 日　周二　晴　☀
为了不让小动物们感到孤单

　　今天一早，我把朋友的孩子送到幼儿园，再一次体验了一把当妈的感觉。女儿小时候都是走着上学，不像现在的孩子，出门就上车。但似乎现在的孩子少了许多乐趣，同学间的亲密程度远不如女儿小时候那样。也许，只是我目前的心境决定了现在的看法吧。我回到单位，表面上正常工作，实际上时不时走神，想知道小家伙在幼儿园的情况。我的心绪似乎被这个小家伙扰动了不少。但仔细一想，我似乎是在转移自己内心集聚的情感。这种感觉是不是有点可怕啊？我似乎什么事情都能看清，又似乎什么事情都看不清。

　　吃午饭的时候，老公来电，说他晚上要帮孩子爸妈处理一些事情，要很晚才回家。老公似乎也被这些琐事牵绊，没了操心女儿的迹象。若是我们有两个孩子，也许女儿也没有那么重要了吧！这些想法，也只能是自己一个人的时候想想罢了。就像与知了分享冬天有多么冷一样，对知了来说，没经历过的事情也只能是道听途说或异想天开而已。

　　下午我提前两个小时下班，去幼儿园接孩子，而后征求他的意见，买了一些菜，回家做大餐。出乎意料，他是一个很好的帮手，一边帮我，一边给我说话。讲幼儿园里喜欢他的小女生如何跟他表白，讲同学如何不听话惹老师生气……在孩子的眼中，是非如此分明，根本不存在灰色地带，很轻松、干脆。这次做饭是一种享受，我有点渴望有一个属于自己的儿子。

晚饭后，他坚持要出去散步。虽然外面很冷，我还是答应了。我问他为什么在这么冷的晚上还要出来散步。他说，很多小动物如果在晚上听不到人走路的声音会很孤单的。我被这天真的童言打动。不知在外的女儿会不会孤单，会不会体谅父母的孤单。

徐少波回复

多么天真的孩子，多么富有爱心的想法！我们每个人都曾经是孩子，都曾经纯真。但随着年龄的增长，我们那纯真的心灵被蒙上了厚厚的灰尘，变得冷漠，变得世故。因为《三个月改变孩子一生》这本书，我和九个宝贝近距离接触了三个月，每天看着他们，每天聆听他们对这个世界的想法。我真的感觉：孩子其实是来拯救这个世界的，是来拯救我们的。孩子正试图用自己的纯真，让我们那已经坚硬的内心变得柔软一点。别辜负了孩子！

李克富点评
万物皆有灵性

我觉得今天的日记有好几个可以点评和发挥的知识点，比如作者认为"这种感觉有点可怕"，因为"似乎什么事情都能看清，又似乎什么事情都看不清"。但最让我想说点什么的，还是结尾处提到孩子坚持要出去散步。问他为什么在这么冷的晚上还要出来散步。他说，很多小动物如果在晚上听不到人走路的声音会很孤单的。在寒冷的夜晚走路，不是为了锻炼，而是为了不让小动物们感到孤单。这是一份怎样的情怀啊！

牺牲自己，为了别"人"——小动物。这让我相信：只有孟子倡导的"人性之善也，犹水之就下也。人无有不善，水无有不下"的"性善论"才是正确的，而荀子的"性恶论"、告子的"性无善恶论"、扬雄的"性善恶混论"和世硕的"性有善有恶论"都是不对的。

同时，这也让我怀疑弗洛伊德的人性观，他认为人的潜意识和本我中盛满了不可告人的欲望，它是人生悲剧的根源，并把人性归结为自私的、邪恶的，完全受无意识的私欲和攻击本能支配。他甚至说："人甚至不是自己心灵的主人，注定要成为自己性欲和攻击本能的牺牲品。"相反，我坚信罗杰斯才是对的，他对人性的看法是积极的、乐观的，相信每个人都是理性的，能够自立和自我负责，每个人都有积极的人生趋向，因此人可以不断成长和发展，迈向自我实现。人都是有建设性和社会性的，是值得信任的，是可以合作的。人的这些好的特性是与生俱来的，而人的不好的特性，如欺骗、憎恨、残忍等，则都是人对其成长的不利环境防御的结果。人的负面情绪，如愤怒、失望、悲痛、敌视等，是人在爱与被爱、安全感、归属感等基本需要不能得到满足，遭受挫折时产生的。以上是一个四岁小男孩的话让我产生的联想，更是给我上的一堂生动的人生课。

皮亚杰发现，幼儿具有一种"泛灵论"的思维特点，即在四五岁的孩子眼中，自然界的各种事物都跟人一样具有意识，它们的运动变化是一种有目的、有意志的活动。比如孩子按直线滚动一个球，结果球偏离了方向，他会认为球"不听话"；自己不小心从椅子上掉下来，也会认为椅子"淘气"。再大一点，孩子还会认为天上的云朵和地上的汽车都是"活"的，因为它们也像自己一样在"动"。因此，处于这个时期的孩子，说出"很多小动物如果在晚上听不到人走路的声音会很孤单的"的话，就再正常不过了。

遗憾的是，科学研究已经证实皮亚杰的这个基于观察而得到的结论并不正确，知识和经验完全可以让一个幼儿及早地做出死与活、生物与非生物的区分。但我始终觉得，一个从小没有经过"泛灵论"阶段，而是过早地被科学知识占据了头脑的孩子，会给自己的人生留下遗憾。

第 46 天

2015 年 2 月 4 日　周三　晴　☀

隐居民间的王子

　　昨晚老公回来得很晚，我直到早上醒来才知道他回来了。估计因为太累，所以今天老公在家休息。我有点担心老公的身体，才出院没几天，就这么不注意休息。凯宁（朋友孩子化名）在去幼儿园的路上问我，什么时候才轮到他父母送他上学。我很好奇，追问了几句。原来在凯宁来我家之前，妈妈告诉他，从现在开始玩个游戏，让他像一个隐居民间的王子，待到妈妈与仆人把家收拾好后再接他回家。我和女儿从来没有如此的对话与相处。以前，当我有事顾不上她时，时常直接把她送到她奶奶家，根本没征求过她的意见，也没有安慰一句。我给女儿的理由是：妈妈要去赚钱，赚了钱就可以给她买她喜欢的芭比娃娃……多么功利的理由！

　　因堵车上班迟到，我到办公室后，看大家聚在一起嘻嘻哈哈地笑。说是今年假期的值班表出来了，安排的值班人员竟然都是领导，怪不得大家如此笑。下午是老公接的凯宁，一路上凯宁也是眉飞色舞地给老公讲幼儿园的故事，还夸赞我是一个很友好的阿姨。我虽然开心，但内心有些许失落。为什么我以前不能对女儿这么友好？

　　晚上我们三个人决定去吃韩国料理。吃饭时，凯宁跑到距离很远的座位上和别人聊天。我起初以为是凯宁认识的人，后来才听凯宁说，他们好像自己的家人，说有点想爸爸妈妈了。我顺手给凯宁一个拥抱，老公也很及时地安慰道："凯宁已经和妈妈约定好做游戏，等游戏结束，妈妈就来接你了。"凯宁瞬间开心了，说："游戏都是很快就能玩完的，幼儿园的游戏一小会儿就做完了。妈妈应该很快就来接我了。"私下里老公说他们家的事还没处理好，估计要到周末才能来接他。虽然如此，但不管是成人还是孩子，有希望总是好的。人活着若是没有任何希望，那想必就没有活着的必要了。

徐少波回复

父母嘴巴上都说爱孩子，那到底爱不爱呢？判断爱不爱，就不能听嘴巴说了什么，而要看有什么样的行动。因为孩子不会通过父母的千言万语感受到爱，只会通过与父母的互动、通过父母的行动来体验爱。比如，凯宁妈妈的做法和你当年有事顾不上孩子时的做法，哪一种更能说明父母的爱呢？还好，我们还有希望。

李克富点评
危难时学会保护孩子

从前天起，日记里出现了一个叫凯宁的四岁男孩，而我的眼前却总是晃动着这个孩子父母的影子。有限的文字所提供的信息是：孩子的父亲是作者丈夫的"铁哥们儿"，孩子的家庭出了事，至今还没有处理好。

会是什么样的事情呢？我很好奇。我肯定，一定是一件让夫妻俩必须全力以赴应对的大事，以至于不得不把自己的孩子暂时寄养在朋友家里。

更让我肯定的是，这对夫妻一定能够把事情处理得很好，无论遇到多么大的事！我如此肯定的理由是：第一，这对夫妻在关键时刻能够出于对孩子的保护而割舍亲情，知道少一分牵挂就能多一分力量；第二，这对夫妻能有像作者夫妻这样可以将孩子托付的好友，足见其社会支持系统之强大。前者所体现的是一个人自身的心理素质，后者体现的则是良好的社会关系。

"近来，越来越多的研究显示，亲密的、可信任的关系是压力的有效缓冲剂。"天有不测风云。一旦遭遇"不测"，你能够做到像这对夫妻一样先去给自己的孩子找一个安全的避风港吗？在你的世界里，能够找到这样的避风港吗？会是谁呢？

我觉得鼓足勇气思考一下这样的问题对每一个人都大有裨益，尽管可能没有答案，尽管这样的思考可能让你痛苦不堪。在生活中，我曾和家人探讨过这样的问题，每次讨论都是在心底里检视一遍自己的亲戚和朋友，而其本质都是在反思自己的为人处世。可喜的是，随着反思的深入和行为的改变，我发现能够作为避风港的地方越来越多。因为你想在遭遇不测时有一个避风港，就得积极主动地为那些遭遇不测的亲戚和朋友提供避风的港湾啊！

"像你希望别人如何对待你那样去对待别人。"这是心理学倡导的人际交往的"黄金法则"。而诸如"你敬我一尺，我敬你一丈"之类的民间训导，则被称为"反黄金法则"，是试图启动良好人际关系模式时的大忌，因为持有这种观念的人在内心始终秉持着"你如何对待我，我就如何对待你"的信念。

我也经常在门诊上给求助者提出这样的问题，但只有很少人能够给我肯定的回答，更多的人则是一脸茫然。由此，我能推测出：这样的家庭一旦出事，夫妻俩都会措手不及，在焦虑或惊恐中，也就无法避免危及孩子。

有句谚语说："爱孩子是母鸡也会的。"其实保护孩子也近乎是父母的本能。问题是，该如何保护孩子呢？凯宁父母的做法，即使不算榜样，也值得赞许。

第 47 天

2015 年 2 月 5 日　周四　晴　☀

我可以慢慢地成为一个好妈妈

今天下午，因为凯宁的幼儿园没有课，所以我请了半天假，带凯宁到海边看海鸥。虽然天气晴朗，海边却很冷，风也很大。只是，海鸥似乎并没有感受到这些，依然在海边徘徊，时而飞起来盘旋几圈，时而停在岸边走走停停。看着别人提着一袋子馒头，然后掰成小块喂海鸥，凯宁瞬间有了兴趣，主动问人家要了一个馒头，尝试着喂海鸥。这些海精灵似乎很信任人，都毫无顾忌地前来抢食，把凯宁乐得哈哈笑。

因为太冷，所以我们玩了一个小时左右就开车离开。回家后我陪着凯宁看绘本、画画，也算是充实开心。有点想女儿了，也许从现在开始，我可以慢慢地成为一个好妈妈，不会再像以前那样强势，不顾及女儿的感受，更不会歇斯底里地对女儿发脾气。只是，再美好的愿景，也需要女儿这个主角的参与。主角都走了。这场戏又该如何收场呢？

徐少波回复

戏，正在继续，主角的离开，只是戏本身的一个情节。这时候，需要表现父母的苦痛，需要父母的反思。对于主角来说，所谓的离开，也只是暂时进入了另一场戏，或许是迫不得已，或许是想体验一下没有父母羽翼庇护的生活。但无论如何，主角会回归，无论是用什么样的方式。

人生这场大戏，我们既无法决定什么时候开场（生），也无法决定什么时候收场（死）。唯一能决定的，是如何来演，是演成喜剧，还是悲剧。

李克富点评
别人的孩子与自己的孩子

民间俗语曰：孩子是自家的好。可在现实生活中，我们总会见到有些人认为自家的孩子不好。如果细分一下，我们会发现：那些心理健康一点的父母还会说人家的孩子好，而那些心理不健康的父母，就只会数落自家的孩子不好。父母口中所说的"好与不好"，其实是孩子"成绩好与不好"的省略语，或者是"听话与不听话"的同义词。

4岁的凯宁就是一个好孩子。只是，这个好孩子是人家的孩子。因此，作者尽管请假带着凯宁去海边看海鸥，在家陪着凯宁看绘本、画画时都开心，但一想到那个不知在何方的女儿，难免就有一种想做好妈妈却不能的惆怅。

作者是否想过：4岁的女儿在你们眼中也曾是个好孩子啊！她怎么就成了目前这样？是否想过：当4岁的凯宁长到14岁时，他是否也会变成女儿现在的样子？谁知道呢！好的可以变坏，坏的也可以变好。当然，坏的也可以变得更坏，好的也可以变得更好。本来嘛，好和坏不是一种独立存在的评价，而是源自双方或多方的比较。

人的生存与生活都离不开比较。问题是，该如何比较？无论是拿自己和自己纵向比，还是拿自己和别人横向比，都没有错。因为这是你的自由，也是你的权力。拿自己跟别人比，是一个主动的过程，你爱怎么比就怎么比，至于比较的结果是让你觉得"比上不足，比下有余"，还是更自卑或更自信，那都是你个人的事。只要认同这一点，命运就掌握在自己的手里。

比较，总会成为一个心理健康的人进步的动力。可是，我们在任何时候都不该拿别人去跟别人比，更不应该把比较的结果告诉其中的一方。遗憾的是，对于这种本来"不该"的事情，大家却司空见惯，以至于熟视无睹了。比如各种考试、评比、绩效考核……这些比较让无数人像打了鸡血一样，也一定让无数人深受其害。深受其害的是那些（被）比较中的失败者。而在这些失败者中，不少人的心理健康水平不高，他们不能像心理健康者一样做到"吃一堑，长一智"，而是相反，吃一堑"减"一智，或者干脆因为怕再次失败而不敢尝试着去"吃一堑"了。失败，永远都不会成为心理不健康者的成功之母，反倒会令他们在失败中一蹶不振，从而一败再败，无缘成功。

在门诊上，我见到过很多尚不甘于失败的求助者，对其心理进行分析后会发现，心理健康水平不高的根源之一就是从小"被比较"，久而久之将此内化，习惯于主动甚至自动地将自己与别人做比较，结果就比出来一系列问题。

第 48 天

2015 年 2 月 6 日　周五　晴　☀

渴望能把温暖的怀抱送给女儿

　　一早醒来，凯宁说妈妈来了，我一问才知道是梦里妈妈来接他了，还陪他玩游戏、带他吃比萨等等。孩子的心里时刻装着自己的妈妈。女儿应该也一样，只是越长大，越内敛了。我有点心疼眼前的凯宁，感慨自己跟女儿的爱恨情仇。

　　我把凯宁送到幼儿园，然后风风火火地回到办公室。没多久，我接到幼儿园老师打来的电话，说凯宁被其他小朋友推了一把，然后一直哭，希望我能过去接他。我请假去幼儿园，见到凯宁的时候他依然泪眼汪汪，我的心头一酸，眼泪也在眼眶里打转，把凯宁抱过来，然后跟老师打了招呼后，就带他回家。路上，凯宁一直不说话。我也不知道如何开口。若换成是我女儿，估计关爱说教不成，就剩拳脚相加了。

　　晚上凯宁爸爸打来电话，说周六下午可以来接凯宁，凯宁像久旱逢甘露的禾苗一样，瞬间挺直了腰板，又是帮我准备晚饭，又是抓紧收拾自己的小行囊，幸福与开心全写在脸上。

　　晚上，凯宁已安然入睡，而我似乎又要经历一场别离。此刻，我更想女儿，渴望能把自己温暖的怀抱送给女儿。

徐少波回复

问个小问题：在女儿的成长过程中，你有没有过因感受到了女儿遭受委屈而心酸流泪的情况，就像见到泪眼汪汪的凯宁时那样？反过来，再想一想：我们如果受了委屈，又希望得到亲人什么样的回应呢？我想，无论我们的年龄有多大，最希望得到的一定是亲人温暖的怀抱。如果被揽入怀中的我们能感受到亲人那瑟瑟的抖动，我们的内心就更会暖暖的、满满的，因为我们已经可以确定，亲人是爱我们的，亲人是理解我们的，我们是被爱的！这个时候，最苍白的是语言，无论是好言的相劝，还是关心的追问。这个时候，需要唤醒的是我们那已然冰封的情感！

李克富点评
温暖只能送给那个需要温暖的人

如果你已经做了父母，我想你一定有一种冲动，那就是像这位母亲一样，也渴望能把自己温暖的怀抱送给儿女。可你是否想过自己的渴望不一定是儿女的需要？而你一旦按照自己的渴望，把温暖的怀抱送给根本就没有这种需要的儿女时，就会遭遇"热脸贴冷屁股"的尴尬，甚至严厉的拒绝或反抗！

你想给的，不见得是别人想要的。任何人，如果不得不接受自己不想要的，都会引发或强或弱的负性情绪。这是因为情绪和情感是以人的需要为中介的一种心理活动，它反映的是客观外界事物与主体需要之间的关系。外界事物符合主体的需要，就会引起积极的情绪体验，否则便会引起消极的情绪体验，这种体验构成了情绪和情感的心理内容。

心理学家之所以说父母心理健康是和谐亲子关系的必要条件，就是认为如果父母没有达到较高的心理健康水平，就难以构建起良好的亲子关系，孩子也自然更容易出现问题。通过简单的比较就可以发现，有问题孩子的家长，其实对孩子的需要缺乏深入的了解，因此他们也不可能根据孩子的需要有针对性地给予。

有求才帮，求在前，帮在后。这是心理助人并取得满意效果的一条铁律。无求也帮，想帮就帮，则是孩子逆反的根源，没有"之一"！

在门诊上，心理医生的一项重要任务是，让这类"总想帮助自己的孩子，而孩子又拒绝接受帮助"的家长意识到自己为什么如此想帮助自己的孩子，在这种想帮又帮不上所造成的焦虑背后又潜藏着怎样的目的。

"知道你的孩子有什么需要吗？"这样的提问一般难不倒那个刚刚吐完苦水的家长，答案一般是："需要的就是钱！"或者"需要的就是玩儿！"心理医生能体会到，这不是给出答案，而是依然在宣泄对孩子的不满情绪。

在内心深处，这种父母把孩子当成了自己，因而他们用自我体验替代了孩子的体验，也就不可能意识到"要钱"和"玩儿"只是孩子缓解压力的一种手段而不是目的。

经验显示，让这样的父母做到"把自己当成孩子"很难，而"把（一个有问题的）孩子当成（问题）孩子"对待更是不易。于是，心理医生会建议父母先"把自己当成自己"，做好自己该做的事，而不再去为不需要父母帮助的孩子做事。可以不做事，但得避免"好心做坏事"。可怕的是，除了与孩子争斗以外，某些家长觉得自己已经没有了该做的事。

第 49 天

2015 年 2 月 7 日　周六　晴　☀

难道我的使命就是经受如此折磨吗？

今天我在单位加班。对于我来说，工作这么多年，原可以找年轻同事顶班。只是，我害怕与凯宁分离的场景，最终决定在单位加班。

中午凯宁给我打电话，说再过一会儿就跟爸爸妈妈回家了，很开心，回家后会想我。我心里暖暖的。虽然这么小的孩子情感并不是多么丰富，但是从他嘴里冒出的那些只言片语，很让人受用。老公也打电话问了一下我的情况。

下午没什么事，我坐在办公室，拿着文件夹发呆，思绪又回到女儿身上。临近年关，我又要面临亲友的问候，有关女儿的话语就像一把把利刃直刺入心房，不会给我丝毫喘息的余地。也许人活在这个世界上，本就不是为自己活着的，而是为了面子、家人，为了其他种种，只是独独没有为自己的开心快乐而活。即使有，也是建立在面子等其他条件之上。

晚上回家，老公已经做好饭菜，看我脸色不好，极力逗我开心，只是越逗越勾出我内心的委屈。我坐在沙发上掉眼泪，老公拍打着我的肩膀……不知我如何、何时才能做到释然，难道我的使命就是经受如此折磨吗？一切似乎都没有明确的答案，唯有过一天是一天。

徐少波回复

孩子说出来的也许仅仅是只言片语，但我们可以用心感受到他的情感是丰富的，只是"言不尽意"而已。随着年龄的增长，我们的嘴皮子也越来越溜，用言语表达出来的情感却越来越贫乏。只要对比一下这种差别，孰高孰低就一清二楚了。

情感是一种能量，是可以传递、可以影响他人的。家庭，就是一个"能量场"，在这个"场"里，是充满了爱，还是充满了恐慌，看看孩子的表现就可以知道，因为孩子是敏感的。

一个人的使命不可能是"经受如此折磨"，而只可能是通过"经受如此折磨"把家庭里原本充满的恐慌换成爱！

李克富点评
结果决定了原因

这几天，日记的内容始终没有离开过那个叫凯宁的四岁男孩。他虽寄人篱下，却如在自己家中、在父母面前一样，活泼、懂事、可爱。我想读者会赞叹：多好的孩子啊！

可我还是想提出几个问题供大家思考：凯宁到十四岁时，还会这么好吗？如果一直在这个家中寄养下去，凯宁是否也会被养成作者女儿那样的孩子呢？待凯宁长大之后，他会如何评价这段被寄养的经历呢？

只有未来会给出这些问题的答案。但对这些问题的思考极有现实意义。这是因为，很多在青春期出了问题的孩子，在四岁时也曾像凯宁这样活泼、懂事、可爱。跟踪发现，像寄养这种脱离原生家庭的养育方式，的确会对孩子的成长产生巨大影响，本该是"淮南的橘"却长成了"淮北的枳"。更有意思的是，成年后回忆并评价自己被寄养的经历时，人与人之间竟然表现出巨大的差异。比如，那些事业成功者会予以积极评价，说那些离开父母的日子让他学会了自立、自强，学会了看人脸色行事。而那些失败者则恰好相反，说自己的自卑、分离焦虑、恐惧等问题就是由当年寄人篱下的经历导致的。

你是不是觉得，这种归因方式非常有意思？

社会心理学家把"归因"定义为"个体根据有关信息、线索对自己和他人的行为原因进行推测与判断的过程"，并且认为，"归因不仅是一种心理过程，而且也是人类的一种普遍需要。每一个人都可以被看成是业余的社会心理学家，都有一套从其经验中归纳出来的，关于行为原因与行为之间联系的看法和观念"。

精神分析学家则有更有意思的结论：每一个人都会根据"现在的结果"，去找到一个与之匹配的"过去的原因"，这就是"合理化"的自我防御机制。

原因不见得是过去发生或客观存在的，而是基于当下的心理需要找出来的。因此，是结果在前，原因在后——结果决定了当事人找到的原因。

问离婚者："为什么离婚呢？"得到的答案是："因为我在家遭受家庭暴力。"

问遭受家庭暴力者："屡次被暴力对待，可你为什么不跟他离婚？"他们找到的理由是："尽管他有暴力行为，但除此之外一切都好，对我也好。"

这就是心理层面的因与果！一个有经验的心理医生可以相信当下的"果"，但一般不会相信求助者所给出的"因"，因为在心理学的视野下，求助者找出来的因不能呈现"过去的原因"，而是表达着"现在的目的"和对"未来的希望"。

第50天

2015年2月8日　周日　雪　✹

我肯定会把女儿养得很出色

　　一觉醒来，外面的草坪上堆积了一层薄薄的雪，看来夜里下雪了。都说阴天会让人的心情变差，但雪带给人的尽是欢乐。窗外的小朋友在试图把雪堆成堆儿，只是积雪确实少了些。我的心情不好不坏，没了昨日的伤感，但也没有开怀的笑意。

　　下午李克富老师在书城举办《三个月改变孩子一生》签售会，我差点忘记，好在翻阅了微信消息。不知是因为周末，还是因为李老师这位名家的活动，书城周围的道路比往日拥堵许多，本来十余分钟的路程，我足足走了一个半小时，好在出门早。

　　李老师今天讲了许多让我受益的知识。其中最让我深有感触的就是：养育孩子就像学骑自行车，如果你没有自行车，只拿着工具书学习，你永远也学不会骑自行车。这跟教育孩子是一样的道理，不是给你一个方法，你就可以教育好孩子，而是要切实去实践。

　　反观我自己，在养育女儿的过程中，我曾经自信满满，觉得自己有学历，有不错的工作，肯定会把女儿养得很出色。相信，这是每个家长最初养孩子时的美好愿景。可是，结果跟愿景差距太大。

　　李老师的讲座很精彩。讲座结束后，我买了两本书，而且要了李老师的亲笔签名，打算自己留一本，送给好友一本。只是，李老师太忙，我没来得及与他聊几句。

晚上我翻阅了书的第一章，又像给自己打了鸡血一样，我依然相信，我的努力改变一定会让女儿改变，爱女儿就给女儿充足的生长空间。

徐少波回复

可以肯定，不是李老师讲得好，而是你听到了好。李老师的作用，至多是唤醒了你内心的某种美好，或者说，是帮助你拂掉了覆盖在美好上面的那层灰。

这个世界的美好和孩子的美好就在那里，只是我们缺少一双发现美好的眼睛，或者说，我们那原本用来发现美好的眼睛被灰尘给迷住了。

我相信，孩子会因父母的努力而改变。

李克富点评
博士的孩子不一定是博士

我相信，像这位已经意识到现实和愿景差距太大的母亲一样，在养育孩子的过程中，曾经自信满满，觉得自己学历高、收入高，肯定会把孩子养得很出色的父母，一定不在少数。至少，这样的父母是因孩子学习成绩不佳或亲子关系不良而造访心理门诊的常客。

通过深入的访谈和长期的跟踪观察，心理医生终于发现，这些父母的问题不是出在对孩子的高期待上——普天下的父母都对儿女有着高期待，高学历、高收入的父母，当然也希望自己的孩子在上学时各方面表现出色，以便将来有高学历和好工作。那些认为孩子有问题的父母，其问题在于：他们觉得自己如此，孩子也肯定会如此。

当希望变成了肯定，想法就不再合理。不合理的想法，必然支配着不合理的行动或行为。于是，在亲子关系互动中，问题就出现了，悲剧也就不可避免。

心理的世界和物质的世界遵守着完全不同的规律。看见闪电，一定会听到雷鸣；1+1应该等于2；冬天来了，春日应该不再遥远；等等。诸如此类的物理现象，在心理的世界里却不见得存在。心理的世界当然不是由物理世界的逻辑组成。"小偷的儿子一定是小偷，法官的儿子一定是法官"的说法自然也就不成立。

人是活着的人，活人"不可能两次踏进同一条河流"。当一切都处于变动当中时，"必须""一定""应该"等在心理学上被称之为"不合理的想法"。

为克服这种"不合理的想法"所造成的情绪困扰，埃利斯创立了著名的"合理情绪疗法"。他发现："一个情绪沮丧的人总是坚持他必须有某事物，而不只是想要或喜欢它而已。因此，他便会把这种过度极端化的需求应用到生活的各个方面，尤其是关于成就和获得别人的赞赏。一旦他得不到满足，就容易产生焦虑、自卑、沮丧等情绪。如果他将这种需求应用到他人身上，要求别人应该或必须怎样做时，一旦别人不能符合其意，他就会对他人产生敌意、愤怒等情绪。"

这一疗法被广泛运用的理由之一就在于其在改变认知层面的简便易行。比如让那些觉得自己学历高、工作好，肯定会把孩子养得很出色的父母，将"肯定"换成"希望"，改变对自己和孩子的绝对化要求。

我常对家长们念叨：博士可以希望儿女成为博士，但不能肯定儿女一定会成为博士，更不能逼迫儿女非成为博士不可！

第51天

2015 年 2 月 9 日　周一　晴　☀
痛苦源自反思

　　周一，道路堵得近乎"瘫痪"。年的脚步迈得越来越快了。我随身带着李老师的书，趁机翻阅。在书的第二章琪琪妈妈的日记中，李老师在每一篇日记后的点评都能引发我深刻的反思。

　　到办公室，领导说起年终评选的事，在下午的例会上，单位将对获奖个人统一进行表彰。不知是自己敏感还是其他，我笑了笑没有任何回应。我想领导肯定以为我会因为没得到表彰而内心痛苦。其实，痛苦是有，但不是源于这些表彰，而是源自女儿，再深一步讲，源自近期一直进行的自我反思。我发觉反思得越多，越容易陷入恐慌，似乎扒光自己的皮肉，剩下的是冰冷的骨头。

　　下午的表彰会，我请了假，买了礼品给几个长辈送去。我发现长辈们喜欢的似乎不是礼物本身，而是家里的人气，他们更希望来几个人陪陪他们。想到我小的时候，每逢节日，爸妈都会带我去爷爷奶奶家，家里总是热闹非凡，孩子们成群结队，想必老人们所期盼的天伦之乐就是这样吧。如今的老人，多数只有一个孩子，孩子大多不在身边。可想而知，一些老人所期盼的天伦之乐只能在节假日时获得。不知这是时代的进步，还是亲情淡漠的表现。

晚上回家，我看到老公闷闷不乐。他说除夕需要在单位值班，因为业务太忙，而员工又多是外地的。节日似乎没那么重要了，我让老公安心应对，家里的事由我来处理。我给女儿发了一条信息："年味浓，想你。"女儿很快回了信息："我回家过年，爱老爸老妈！"我激动地捧着手机让老公看，随后和老公双双陷入对节日的幸福幻想中……

说来奇怪，当放下对女儿的那些期盼与埋怨后，我反而更能享受拥有女儿的恬淡和惬意。

一切皆由心生！

徐少波回复

我不太喜欢"进步"这个词，因为这会让人产生太多的错觉，认为"进步"就是好的越来越多，坏的越来越少，比如时代的进步。我比较喜欢"发展"，这个词比较中性，发展就是变化，无所谓好坏，或者说有好有坏，比如我们的成长。

更难的是，在孩子成长的过程中（发展），我们在享受好的变化的同时，也要承受由此带来的痛苦。正如你所说，放下对女儿的那些期盼与埋怨后，反而更能享受拥有女儿的恬淡和惬意。

李克富点评

反思·痛苦·成长

痛苦的本质是苦。因此，人是唯一知道痛苦的生物，这也是人与其他动物的本质区别——其他动物只有痛，而没有苦。

痛苦源自反思。反思者，可看作回顾过去的人；反思者，也可视为反复思考的人。回顾和思考，都是思维的功能，而思维是人所独有的心理现象。人类有了思维，才能认识到事物的本质和事物之间的内在联系。

一个人的"心理成长"必然伴随着痛苦。所谓"心理的成长注定要在挫折当中前行"，讲的就是这个意思。

由挫折导致的痛苦可分为两种，一种是别人给予而无法逃避的，另一种则是自己主动寻求并积极承受的。

前者如小时候母亲给我们断奶，硬生生地就不让我们继续吃了，我们当然会哭会闹，但在经受了一番痛苦之后，我们先是学会喝点米粥，进而学会享受鸡鸭鱼肉。试想一下，如果没有当年断奶的挫折，今天的我们会是什么样子呢？可以说，被动的挫折或者经受别人给予的痛苦，是一个人心理成长所迈出的第一步。

之后，那些心理健康的人就可以主动地去寻找挫折，并体验成长所带来的痛苦。

对那些被父母认为有问题的孩子进行跟踪分析发现，他们其实并不缺乏成长的欲望和动机，他们也想长大。只是，他们从小没有经受过被动的挫折，也就不可能为了自己的成长而主动地去寻找挫折。

在心理学上，把有意识地确立目的，调节和支配行动，并通过克服困难和挫折实现预定目标的心理过程称为意志，把受意志支配的行动称为意志行动。那些在父母眼里有问题的孩子，多数缺乏意志行动，也就是我们通常所说的毅力。遗憾的是，父母在指责孩子时，并没有意识到孩子缺乏毅力是因为缺乏挫折教育。这需要反思。这种反思是为了孩子成长而必须做出的。反思必然带来痛苦，而体验这种痛苦是家长先于孩子的成长！

没有反思，便没有痛苦；没有痛苦，成长就无从谈起。

第52天

2015 年 2 月 10 日　周二　晴　☀

因福得祸，又因祸得福

　　早上老公出去买早餐，回来的时候说钱包被偷了。我刚想安慰老公几句，但看他居然一脸兴奋。原来老公昨晚回家时，因为心烦，就在那摆弄钱包，把里面的证件全拿出来了。后来因为我给老公看女儿的短信，他一兴奋，就忘记把证件装回去了。所以，今早的损失只有几百块钱，也算因福得祸，又因祸得福吧。看着老公兴奋的样子，我越发察觉到老公的可爱与机智。

　　我在单位翻阅《三个月改变孩子一生》里李老师的点评，真的很享受，像读名家的随笔一样，妙趣横生。若是我在早些年开始记录女儿的情况，估计日记里的火药味儿更浓些。那时候的我眼里容不得一粒沙子，却恰恰满眼都充满着沙子。

　　下午老公给我打电话，说约好了晚上一起去孟老师家吃饭。老人家是老公的恩师，今年83岁，身体硬朗得很，一双儿女都去了国外，只剩老人一人由保姆照看。好在找到一位靠谱的保姆。保姆把家中里里外外都处理得妥当，也把孟老师照顾得很好。晚饭后与孟老师闲聊，孟老师提起我女儿的事。我庆幸女儿昨天给我发消息，否则脸上自是挂不住。

离着年关越近，我的心情似乎越复杂。很多不明了的事情，现在都得到了解答。那么现阶段的疑惑在不久的将来也一样会得到解决吗？就像很多人对死亡感到好奇，但要想真正知道死亡的滋味，也只能等到自己离开人世的那一刻。

徐少波回复

钱包被偷，损失了几百块钱，这是事件；情绪上的结果却是不悲反喜；认知解释是，所有的证件都完好无损。假设，钱包里本没有证件，就几百块钱，当钱包被偷了，会是什么样的结果？通常的情况会是，无论被偷了多少钱，我们都会难过。

为什么同样都是钱被偷了，我们会有两种截然不同的反应？古希腊哲学家说过：人不是被事情本身所困扰，而是被其对事情的看法所困扰。令人讨厌的是，这种对事情的看法还会被固定下来。日记记录的功能之一，就是让我们借日记这面镜子，看到自己脖子后面的灰，以调整我们对事件的看法。

李克富点评
福祸本无常

《道德经》讲"祸兮，福之所倚；福兮，祸之所伏"，《淮南子》进一步阐释为"塞翁失马，焉知非福"。这篇日记展示给我们的就是这种"福祸本无常"的哲理。

哲学家将"矛盾转化"和"质量互变"作为事物发展的普遍规律。那么，作为客观存在的好事和坏事，自然也就不能超越这种普遍规律。

像"三味书屋"的孩子们读"仁远乎哉我欲仁斯仁至矣"和"笑

人齿缺曰狗窦大开"时根本不知何意一样，我对当年为备战高考而背诵的大量的政治书上的段落也是糊里糊涂。真正理解了那些话是在年逾不惑之后，我知道那就是辩证思维，一种与逻辑思维完全不同的思维形式。当然，发展心理学还告诉我：成年人运用逻辑思维和辩证思维能力的发展具有明显的个体差异，甚至有的人终生都缺乏辩证逻辑思维的能力。

质是事物内部所固有的一种规定性，这种规定性决定一事物是这一事物而不是别的事物，把它和其他事物区别开来。但是质总是具有一定量的质，量也总是一定质的量。所谓好事与坏事之分，只不过视其矛盾的主要方面居于哪一方面而已，此即所谓质的规定性。

矛盾的主要方面和非主要方面不是一成不变的。在事物发展到一定阶段后，矛盾双方在一定条件下可以互易其位。也就是说，事物由于其自身的内在矛盾，在发展过程中必然转化为自己的对立面，这种转变，表现为由量变到质变，又由质变到量变的过程。

怎么样？估计你一看就知道我的政治绝对是科班出身的政治老师教的。当年老师说："你们这些数理化成绩不好的，高考就得靠政治拿分！"作为一名十分听话的学生，我竟然把以上那些如绕口令般的表述在不理解的前提下死记硬背了下来。

现在我知道，不理解不是年龄问题，更不是智力问题，而应该是阅历问题。只有在经历人生的坎坷和起伏之后，已经知天命的我才真正理解了伟人所言的"被敌人反对是好事而不是坏事"。

没有任何一样东西比阅历更能促进一个人对知识的理解。

回到今天的日记上来：因女儿而心烦，使得在摆弄钱包时取出了各种证件；因为取出了各种证件，致使在钱包被偷时减少了损失。这次阅历所体验到的"因福得祸，又因祸得福"，绝非那些从书本上学到的知识和道理可比。

那么，有谁敢说，女儿在青春期所表现出来的各种"作"，从长远上来看就不是对自身和整个家庭的磨炼，不是今后往好的方向转换的前奏呢？

我们希望如此，事实也会证明，的确如此。

第 53 天

2015 年 2 月 11 日　周三　晴 ☀
今天女儿回家了！

今天女儿回家了！

下午我接到老公电话，说女儿到家了。我听得出老公的兴奋。提前下班回家，女儿正在看电视，嬉笑着扑过来。我虽然心里很开心，但眼泪已经不受控制地落下来，竟然哭出了声。我没有任何的言语，只是抱着女儿哭了起来。女儿似乎也安静了。老公走过来抱了抱我们娘俩，然后把我和女儿分开，揽着我坐在沙发上。情绪平复后，我让女儿坐到我身边，但控制住，并未问及她的行踪，只是关心她过得好不好。虽然我的本意是质问女儿的行踪，指责她的行为。

晚上老公掌勺，做了一桌好菜，女儿似乎比前段时间成熟很多，给我们夹菜，找话题逗趣。真希望这份幸福没有间断。

睡觉前女儿到我房间，让我今晚陪她睡，老公答应了，眼里还流露出一丝羡慕、嫉妒与爱。我和女儿躺在一起，她抱着我的一条胳膊，然后问我怎么不问她这段时间都做什么了。我说："看到你的样子，我就放心了，其他的都不重要了。"女儿更紧地抱住我，开始给我讲她最近的经历。虽然心疼女儿，但我更看重这一刻，健康、活泼的女儿活生生地就在我面前。

徐少波回复

女儿回家了！

我相信，"没有任何的言语，只是抱着女儿哭出了声"所表达的感情比任何的言语都厚重。更相信，女儿已经感受到了妈妈的心。让我们安静下来想一想：有什么比妈妈的眼泪更能令儿女动容？想一想我们自己，想一想我们的父母吧。

"我让女儿坐到我身边，但控制住，并未问及她的行踪，只是关心她过得好不好。虽然我的本意是质问女儿的行踪，指责她的行为。"这是一个母亲该做的！首先，无论是谁，当自认为做了"错事"的时候，心都是发虚的，如果受到指责或惩罚，就会变得"心安理得"，因为已经为自己的"过错"付出了代价，就丧失了从内心中认错、行为上改错的动力。其次，从"以人为本"的角度，"健康、活泼的女儿活生生地就在我面前"，这真的就已经足够了。没有了"人"，又谈何其他呢？

李克富点评

又见撒娇，再说退行

请你仔细阅读日记的最后一段：那个处于青春期且极为叛逆的女儿，却在离家出走刚归来的那个晚上，突然像个小孩子一样来到父母房间，当着父亲的面提出来让母亲陪她睡觉，而且在睡觉的时候还抱着母亲的一条胳膊。这显然是一种撒娇，专业术语叫作退行。

是否觉得这种说法很熟悉？

如果你一直在关注这位母亲的日记，请参考1月17日的日记内容。那天，这位母亲醒来后哼哼唧唧，在老公问候时流着眼泪，在车库内提出让老公背着自己的要求，希望老公像关心女儿一样关心自己。由此，我的点评是想让大家通过认识一个在丈夫面前撒娇的妻子而明白：退行是一种无意识的示弱。

两次都是撒娇，那次是母亲，这次是女儿。其实，像撒娇这样的退行方式并不是女人的专利，当"老公答应了"但"眼里流露出一丝羡慕、嫉妒与爱"时，所表现出的也是男性的一种退行，只是我们不能用"撒娇"称呼而已。

我很想再次表达：这种退行是一种成熟的防御，它反映了当事人心理的柔韧。而柔韧是体现心理健康水平高低的一个重要指标。

我在门诊上见到过不少因孩子问题而求助的家长。做父亲的总是一本正经地板着脸，他们极为固执，所认定的东西难以更改；做母亲的也总是哭丧着脸，一副苦大仇深的模样。很多这样的父母承认，他们夫妻间从来就没有调侃或玩笑，言谈举止总是中规中矩，像对待外人般公事公办。他们在与孩子相处过程中的信条是："长大了就得有个大人样，而做家长的就得做好榜样。"撒娇，自然为他们所不齿。

每当见到那种在我面前泪流满面的母亲，我都会很委婉地问："在老公面前哭吗？"

如果得到了肯定的回答，我会继续追问："当心里难受时，你会趴在老公怀里哭吗？"

这是两个非常专业的提问，提问者的理论假设是：一个成年女人的哭泣就是退行，而能够在丈夫怀里哭泣就是撒娇。

很多女性竟然会在面对这两个问题时发蒙，沉默半天后才会回答我。聪明点儿的女性，会因为我的提问而有所领悟。

悲催的是，有些女性告诉我，她们不是不会，而是不愿或者不敢！我知道，在不愿或不敢的背后，是曾经遭受过的拒绝。于是，我便能够推断出这对夫妻的互动模式了。接下来，我也就能够了解这样的家长或家庭会给孩子创造什么样的成长环境了。

第54天

2015 年 2 月 12 日　周四　晴　☀
和女儿轧马路

　　昨晚和女儿聊到很晚，昨天的日记也是我今天补写的。坚持了近两个月，补写日记的情况似乎不多，因为我已经把写日记当成一件心事或一种寄托，按时去完成。写日记成了我的习惯，也成了我的依赖，更让我获得解脱。

　　从昨天到今天，女儿的坦诚让我倍感欣慰。我的不追问、不质问，说到底要归功于徐老师的教诲。

　　今天老公把去北京学习的事跟女儿说了。女儿听后很开心，又继续上补习班。接下来的一切都是女儿自己联系处理的，我和老公都未加干涉，只负责为女儿提供经济支持。我虽然内心欢喜，但仍未敢将兴奋太多地外露。我不时对女儿投以关爱的目光，期待女儿一切安好。

　　晚饭后，女儿陪我出去轧了一会儿马路，顺便逛了逛周边的小店，不知是因为临近年关，还是因为生意不景气，好多家商店都早早关门了，有的店家甚至挂上了转租条幅。每天行色匆匆的我，似乎很少去关注周边的变化。有时候看电视节目，节目中摄像师把某一地段的人流情况拍摄成影片，快进播放，十多秒内，一座城的春夏秋冬就循环了一遍。每每看到这些，我都会被世事变迁的奥秘深深吸引，想一探因果。想想我的人生经历，如果也用快进的方式播放一遍，似乎更有穿越的感觉。正当我走神时，女儿买了两盒冰淇淋，然后让我和她一起感受这份冰冷的刺激。今晚又多了一份人生体验。在这个寒冷的北方冬夜，我和女儿一起感受着幸福的透心凉。

徐少波回复

女儿的坦诚，让妈妈倍感欣慰。女儿对机遇的珍惜与行动力，让父母倍感欣喜。女儿的归来，让这个家又充满了温情。这一切，来之不易，但终究来了。

我们每个人的一生都只有一次，没有回头路。所以，我们就只有这一条路——往前走。错误与痛苦，是我们人生航向出现偏差的报警器，除了与其并肩前行，也许我们还要对其心存感激。世事变迁，冬去春来。

李克富点评

轧马路与逛商场

"我曾经鄙视过那些闲得无聊、三五成群轧马路或逛商场的女人，后来我把对她们的鄙视变成了羡慕。而现在，我也加入了她们的队伍，成了她们那样的人。"

这是一位职业女性跟我说过的话，让我记忆犹新。她还说："一个有时间轧马路或逛商场的女人，才是真正精神上富有的女人，而一个精神富有的女人才算是一个真正的女人。"

某次，我应邀去一个女性沙龙演讲，参与者个个都事业有成。她们已经形成了一个共识：女性的财富不在于"有钱"，而是"有闲"。

我的讲座也不过就是帮她们消磨闲暇的时间。在这个人人都行色匆匆的时代，一些有大把时间需要消磨的女人，从心理层面上说会是一些什么样的人呢？

就是从那天起，我才意识到完全可以把"闲"和"钱"放在一个篮子里比较，进而发现：的确"有闲"要比"有钱"更难以做到，当然一个"有钱"的人做到"有闲"就更难！李渔也说过：劝贵人行乐易，劝富人行乐难。

"我们正在努力做到。"沙龙的主持人说。

有闲，即悠闲。在心理学的视野下，有闲不是有时间，而是当事人处于"一种微弱、持久而又具有弥漫性的情绪体验状态"，专业术语叫作心境。

人只有在正常的心境状态下才能做到悠闲，也才可能轧马路或逛街。而在心境障碍（比如抑郁、躁狂）、激情、应激（压力）下，则不可能达到悠闲的状态。

今天的日记写到晚饭后和女儿一起轧马路并逛街，所传递给我们的就是那种久违了的悠闲。悠闲是一种从容不迫的感受，更是一个都市白领可遇而不可求的享受。

我们经常谈感受或者感悟，也喜欢享受，但是很少有人意识到，良好的感受或享受，以及像这位母亲一样能够把对生活的感悟或感慨记录下来，一般得在那种平稳的心境下才能实现，它所反映的是一个人的情绪管理能力。

如果管不好自己的情绪，就会被激情左右，或者在应激（压力）下焦虑不堪、无所适从。

不要小瞧那些在马路上无所事事的人或那些兜里没有多少钱却经常在商场里转悠的人，他们其实是另一些人的榜样。

如果你能悠闲到经常轧轧马路或逛逛商店，你说自己很幸福，别人就差不多信了；如果在轧马路或逛街时，还有你那个正处于青春期的孩子陪着，你说你无比幸福，别人不但会毫不犹豫地信了，而且会特别羡慕你。

第 55 天

2015 年 2 月 13 日　周五　晴　☀
女儿给我写了一封信

　　早晨，我吃过早饭，刚要出门，就被女儿拉住。她塞了一个信封给我，告诉我到了办公室再看。女儿神秘莫测的样子让我的心沐浴阳光。在去办公室的路上我反思：若在以前，我定会一转身就把信封打开，以释放内在的这份焦虑。就像徐老师曾经说过的"延迟满足"，这个词对我来说是一个极大的坎，明知道该稍等片刻，却每每都忍不住要迅速满足自己的好奇心与私欲。这一次，我忍住了！

　　到达办公室后，我仔细看了看信封后才打开它。这个过程像极了我小时候第一次吃到蛋挞的感觉：先上下左右打量，然后用食指碰触，再伸出舌头舔舔焦黄的表皮，最后试探着咬下一小口……未及回味，爸爸假装过来跟我抢着吃，而我童稚的行为现在想想依然觉得可笑，我可劲儿咬下一半儿还多。记得当时爸爸笑岔了气，妈妈在一旁笑得眼泪都出来了。也因为这个表现，随后每周我都会吃到蛋挞。

　　信封里装的是一个精美的卡片，还有一页信纸，写了女儿的心里话。当看到女儿写道："妈妈，也许少不更事的我让你头疼，但请相信我在乎你和爸爸，我后悔曾经犯下的错误！可毕竟那些事已经过去。对于一些事，我如果不经历，就永远不会知道。一旦经历了，我才知道该往哪儿走！感谢妈妈对我的爱，我也永远爱你！提前祝妈妈

情人节快乐。"

我已泪眼婆娑，却不再眉头紧锁，有此刻的结果，我想，足矣。

我提前一小时下班回家。老公比我下班还早，他比我更兴奋，因为他更期待明天的节日，期待"上辈子的情人"会给他什么样的惊喜。

不管未来如何，此时此刻的感受与体验才是最真实的。

让劳累的心静下来，不再只走独木桥，而是坦然走向阳关道。

徐少波回复

我们可以"哭着笑"，也可以"笑着哭"，这喜与悲，本身就是一对。

孩子说："对于一些事，我如果不经历，就永远不会知道。一旦经历了，我才知道该往哪儿走！"我要说："很多孩子在有了经历后，只是知道了不该做什么，但对该去向何方依然模糊。"这时，父母存在的意义才得以更明确地彰显：把"摔倒"的孩子扶起来，帮其疗伤，并指引方向。

脱离苦难，苦难就是财富。如果一个人持续深陷其中，苦难就是深渊。对于孩子能重新走上阳关道，父母起到了重要的作用。

李克富点评
你想让孩子去向何方？

孩子在信里说："妈妈，有些事不经历永远不会知道，经历了才知道该往哪儿走！"如果你是一位妈妈，你相信孩子的话吗？

我没有质疑孩子的意思。我相信孩子一定会吸取经验教训，不会再次踏上这条泥泞的小路。我的意思是，孩子通过这次的经历，知道了那条路走不通，但孩子真的知道该走哪条路了吗？知道自己不该干什么和知道自己应该干什么，是两个不同的范畴，我们没有办法在这两个范畴中间画等号。比如让一个上网成瘾的孩子不上网是一件很简单的事情，可问题在于，孩子不上网了并不代表孩子就喜欢学习了。

日记中的孩子之所以回家，有了这么大的变化，在给妈妈的信里写了心里话，难道仅仅是因为有了这次的经历吗？假设孩子回家了，看到爸爸妈妈依然是原来的爸爸妈妈，对自己除了批评指责，就是打骂抱怨，孩子会回来吗？会像信中写的那样"一旦经历了，我才知道该往哪儿走"吗？我想她不会，即使她知道那条路走不通，也很可能继续走下去，因为她不想待在这个家里，也没有人告诉她哪条路更好，更没有人给予她思想上的引导和行为上的示范。

我问一个问题：作为父母的我们知道自己该往哪儿走吗？父母的经历一定比孩子的经历多。父母能给出一个确切的答案吗？

很可能相当一部分父母是不知道自己的后半生该何去何从的，或许是因为没时间考虑，也可能是因为根本就没有意识到这个问题的重要性。那再问一个更刺激的问题：一个不知道自己该去往何处的父母，能指导孩子未来的人生走向吗？

有一部分家长可能就要反驳了："我就知道自己该干什么，就是要把孩子教育好、培养好。"好吧，我认可。那能告诉我，把孩子教育好、培养好的这个"好"具体指什么，有具体的、可衡量的指标吗？钢琴过了十级是好吗？考上大学是好吗？还是有什么其他的标准？

假设，孩子考上大学就是好，那我们该用什么样的方式来帮助孩子达成这个目标呢？是不停地唠叨，逼着孩子学习，还是有更好的方法，可以让孩子在体验到学习乐趣的同时又能自动自发地学习呢？

王之涣曾写道："欲穷千里目，更上一层楼。"想要看得远，就必须站得高，可"登高"这件事是需要付出极大努力的。我见过太多的家长，自己不飞，却天天逼着孩子练习飞翔。

第 56 天

2015 年 2 月 14 日　周六　晴　☀
一家三口的情人节

　　今天是情人节，老公偷偷买了两束花，一束送我，另一束送女儿。我的这束是火红的玫瑰，女儿的那束则是淡雅的百合。似乎阳光灿烂的日子又来临了。

　　午餐时，老公带我和女儿去吃我们的最爱——川菜。虽然不够高雅，但这个安排投其所好，恰到好处。吃饭的时候，我们收到服务员送的小礼品和祝福，女儿还参与了每桌都有的"剪子包袱锤"游戏，凭机灵赢了 58 元菜金。看着女儿依然童稚的样子，我的心更加松弛、享受。整餐饭，我不记得吃了什么，只记得吃到了最合心意的味道。

　　下午，老公很大方，带我们去逛街买礼物。最后，我们买了定制的金饰，货号的名称是"浓情家人"，是一组专为有女儿的一家三口打造的，有深刻内涵的金饰。对于老公来说，东西本身不重要，他看中的是其中的寓意。

　　晚上回家后，女儿提议我们一起看电影《上帝也疯狂》，在非洲原始部落历险的电影情节让人捧腹大笑，似乎我家的房顶、地板及墙壁都在跃跃欲"飞"。好在这不是家庭的常态。

　　美好的一天结束了。女儿已回房休息。老公的鼾声如同哨声一样此起彼伏，而我则幸福得有些头晕。

为自己的成长喝彩！

徐少波回复

为这美好的一天，美好的一家，美好的情感，喝彩！

"不记得吃了什么"，"对于老公来说，东西本身不重要"，还有，电影的内容也不重要。重要的是，和谁一起吃、一起买、一起看。重要的是，一起吃、一起买、一起看的人内心所充盈的爱。

这美好的一天，这美好的体验，回归了心理——与物质无关；回归了本质——家庭和亲情。

李克富点评

生活需要起伏

一束花，一顿饭，一组首饰，一场电影，有什么稀奇吗？这样的场景似乎每天都在千家万户发生，甚至在这个家庭也上演过无数遍，可为什么这位母亲今天的体验是如此强烈呢？可能源于深藏在女性内心深处的那份对情感的细腻体验，但更大的可能是源于劫后余生。渴极了，喝一口白开水都觉得甜。

我们希望生活充满美好和快乐，但现实又总是事与愿违。今天我给大家简单解释一下为什么会出现这种矛盾。

首先，最主要的原因是我们太在意自己的感受，并且只想要好的，不想要坏的。比如，我们想要幸福和快乐，不想要恐惧和痛苦。幸福和快乐来的时候，我们又总担心它悄悄地溜走。而当恐惧和痛苦来的时候，我们又想逃避。原本，感受只是我们生活的一个副产品。对于一件事，我们做成功了便感到快乐，做失败了便感到痛苦。而现在，感受却成了我们追逐的目标，不管做没做事，都只想要幸福和快乐，这就是问题所在。

其次，从进化上来说，本能使我们更容易捕捉到缺点和不足，而忽视美好。道理很简单，环境中的缺点和不足，会对我们的生存造成不良影响，甚至会威胁我们的生命。而美好的东西，最多可以让我们享受一会儿，这个和活命相比就次要得多了。所以，谁能迅速捕捉到危险信息，谁生存的可能性就更大。本能的作用在于让我们活下来。

最后，从适应机制上来说，如果一种刺激（包括美好的）反复呈现几次，我们就会适应，从而感觉不到这种刺激，或者对其视而不见。"入芝兰之室，久而不闻其香，入鲍鱼之肆，久而不闻其臭"，说的就是这个意思。

所以，我们如果在生活中过分地追求幸福和快乐，注定是要失败的。更准确地说，我们想让自己的生活一直处在幸福和快乐之中的愿望是不现实的。

生活需要起伏。

非常美好的一天，看了让人舒服。

第57天

2015年2月15日　周日　晴　☀

内心舒畅，世界就舒畅

　　今天我迷迷糊糊地睡到十点才起床。老公和女儿都不在。女儿发短信说去学钢琴，老公留字条说出去找朋友叙旧。看到这些，我没了以往的猜疑与失落，更多的是一份发自内心的舒畅。

　　我随便填饱了肚子，在阳台上看书。今天虽然读三毛的文集，但眼里看到的尽是美满。三毛悲情的描述，似乎都成了最好的选择与归宿。看来真是如徐老师所讲："一百个人读《哈姆雷特》，会读出一百个样，你所读出的哈姆雷特可能并不是作者所创作的哈姆雷特，而是你内心的哈姆雷特。"有了这种经历，我对徐老师的话语有了更深入的理解。

　　下午我接到凯宁的电话，他说想我了，勾起了我那几天的回忆。生活中有很多感动与美好，看你的意愿，是选择留意这些美好，还是记住那些糟心的事。就如凯宁，甜甜的一句话，带来的全是美好。想想，成人真该向孩子学习，不需要那么多的理性分析，只需要把更多的精力放在追寻快乐、传递快乐上。童心未泯其实更多的是说一个人保留了一颗孩子般的心，一份对美的发现与关注。

　　晚上，一家三口共进晚餐。其间，听老公提起老友的身体每况愈下，提及某某家庭破碎，提及某某之妻投入他人怀抱……然后，老公感慨自己的生活多么值得珍惜，自己的家庭多么美满和谐。女儿在旁甜甜地一笑。这就是家庭生活，简简单单，又真真实实。

离新年越来越近，儿时的年味似乎开始浮现，模糊却仍旧吸引人。

徐少波回复

内心舒畅，世界就舒畅。内心拧巴，世界就拧巴。很多人把这个顺序弄反了，还一直在怨恨世界。之所以每个人读出的哈姆雷特不一样，就是因为每个人内心的风景不一样。内心的风景变了，世界就变了，哈姆雷特就变了。

李克富点评
当自己成为不幸

心情好了，看什么都好，相信很多人都有过这种体验，不稀奇。听到或看到别人的不幸，从而感到自己生活幸福，这也符合所谓的人性，因为幸与不幸是相依而存的，也是比较出来的。你越看到别人的不幸，你就会越感到自己是幸运或是幸福的。这都是人之常情，不足为奇。

难的是，当我们心情不好的时候，或者心情平静的时候，我们如何看待这个世界。甚至当我们成为别人眼中那个不幸之人的时候，我们又如何去感知自己的幸与不幸。

"生活中有很多感动与美好，看你的意愿，是选择留意这些美好，还是记住那些糟心的事。"选择还是容易做的，尤其是当一个人被糟心的事折磨得痛不欲生的时候。难的是选择之后怎么办，难的是一个人有没有能力去"留意这些美好"。比如，有三毛这样经历的女性可能不在少数，她们也可能会有与三毛同样的感受，但很少有人拥有像三毛一样将感受描写出来的能力。

留意美好相对来说也是容易的，毕竟美好的东西没有危险，还会给我们带来愉悦的感受，我们或许会咧嘴笑一笑，或许会拍拍手。但应对苦难可就需要真功夫了。苦难就像一个大坑，不会自己填平，我们想要从苦难中走出来，必须依靠自己的能力爬出这个大坑。

再谈一个话题。

成人真该向孩子学习，不要做那么多的理性分析，而是把更多的精力放在追寻快乐、传递快乐上。很多人都这么说，尤其是在受伤的时候，在因被感动而发感慨的时候。

孩子不需要那么多理性分析，是因为孩子的欲望少，就是吃喝拉撒睡，很容易被满足。或者说，孩子并不会过分地担心失去，所以总是一副活在当下的快乐的样子。而一个成人需要面对复杂的世界，面对自己无休止的欲望和已经到手的利益，就得通过理性分析，指导自己的行动以达到目标。成人的错误不在于理性太多，而是不必要的情绪太多，因为理智控制不了情绪，所以被喜怒哀乐牵着鼻子走。

成人需要理性。

第 58 天

2015 年 2 月 16 日　周一　晴　☀

会撒娇的女人才算真正的女人

　　今天下班时，领导下发了节日值班表。按照这个值班表格，明天我就可以正式休假，但大年初四那天需要值班，而后继续休息，初七正式上班。我把情况跟老公汇报了一下。老公说节后带女儿去北京拜访老师，暂定初五，让我做好准备。我跟领导汇报了情况，然后和同事调了班，明天上午以及后天上午上班，年后可以连休。

　　中午女儿来我单位，送来了一袋新疆薄皮核桃，说是朋友送的，正好路过我这，拿上来给我尝尝。小丫头开始会讨人欢心了。东西虽不贵重，但确实暖人心脾。我把核桃跟同事分享，大家投来羡慕的目光。虽然大家只是客套地说些无关痛痒的赞赏，但我能感受到那份暖意足矣。

　　跟女儿说了一下我们的打算，她做了个鬼脸，说她老爸已经告诉她了。老公处事还是很周全，让女儿自己选择曲目，加紧练习。以前我总是大包大揽，想要做到最好。本该享受生活，我却像一个管家婆一样忙得团团转，最终不仅没赢得鲜花和掌声，还换来家人的怨声。现在我看开了，绝不放过任何一次撒娇偷懒的机会。徐老师说会撒娇的女人才算真正的女人。看来，这话一点儿不假。不管怎么样，我是信了。

下班路上，我买了许多礼品，准备明天送给亲朋好友，表达祝福。除了与人共享牢骚以外，也需要共享幸福。

徐少波回复

"小丫头开始会讨人欢心了。"单从这几个字的描述，就可以体会到妈妈的那份感动。我想问的是：这个小丫头之前不会讨人欢心吗？答案是肯定的：会。那为什么之前这个小丫头就不讨人欢心呢？或者说，对于之前这个小丫头讨人欢心的举动，妈妈能感受到吗？又是什么样的变化，造就了今天这一幕温馨的画面？表面上看，是妈妈的撒娇偷懒；在背后支撑的，却是妈妈的坦然和安心。

牢骚与幸福，哪一个更容易被共享？

李克富点评

母亲是罪魁祸首吗？

没有一种理论或者一个圣人敢于保证说："只要按照我说的去做，就能永远幸福。"比如，会撒娇的女人才算真正的女人的说法对这位母亲来说可能是适用的，因为她有着良好的经济条件，有着良好的社会支持系统，有着稳定的工作，受过良好的教育，这些现实条件使得她有了撒娇的资格。

"以前我总是大包大揽，想要做到最好。"谁又能说一个母亲、一个妻子这样做错了呢？无论是理论研究还是现实的经验，都告诉我们：母亲在一个家庭中的地位是至关重要的，母亲的爱和付出对于一个家庭尤其是孩子的成长更是不可或缺的。那么，到底是什么导致了一个母亲全心全意的付出却没有得到应该有的结果呢？

原因一定是多方面的，多到我们无法看清。只是这位母亲由于女儿的表现感到痛苦，前来咨询。心理咨询师根据心理咨询的原理，指导这位母亲做出改变。我们也确实看到了母亲的改变所带来的孩子的改变，但这并不是说，孩子曾经的问题就是由母亲一手造成的。如果是父亲来咨询，我们指导的就是父亲。如果是孩子来咨询，我们就只能指导孩子。而且，在理论上，这些都有可能达到良好的效果。

那我们就尝试着来分析这位母亲有可能是哪里做错了。

也许是，母亲认为的"做到最好"是从自己的角度出发的，而不是从这个家、从孩子的角度出发。子曰：己所不欲，勿施于人。其实，如果是"己所欲，施之于人"，也会出问题。孩子是一个独立的个体。随着年龄的增长，孩子的自我意识也会逐渐增强，他就可能成为一个和父母不一样的人。既然是不一样的人，那所需、所感就一定不一样。既然所需、所感不一样，一个人一旦长时间不能按照自己的想法生活，就必然会抱怨。

如果我还没有说明白，那么可以类比夫妻之间的关系。一男一女两个完全不一样的人组成了一个家庭，如果其中一方长时间地要求另一方按照自己的标准行事，这俩人就不可能长久地生活下去。

第59天

2015 年 2 月 17 日　周二　小雨

怎么就让我碰到这么完美的男人？

今天上班，办公室突然变得空荡荡的，就剩下三四个人，估计食堂的师傅也开始休假了。今天老公也是年前最后一天上班，需要处理很多事情，给他打电话说拜访亲友的事，他也没来得及听，说不用我操心了，他会处理。哈哈哈，像极了姜太公钓鱼，钓到了老公这条大鱼，我就负责享受吧！

中午我本打算叫外卖，不曾想，女儿却给我送来了午餐，说是她爸爸让送的。老公的公司中午聚餐，所以，多叫了一些饭菜，让女儿带过来和我一起吃。看来男人细心起来也不输给女人。

我和女儿边吃边聊她爸。我说："我越来越觉得你爸完美。怎么就让我碰到这么完美的男人呢？我以前怎么就看不到这些？你以后找对象，也要照着你爸爸这样的男人找，有能力，又顾家，又细心。"

女儿说："老妈，不是我说你，我一直都觉得我爸很好，比我同学的爸爸都要好。小学的时候我就常跟你说，我爸是最出色的。可那时候你鬼迷心窍，每次都说我爸坏话。搞得我那时候很难过，总觉得是因为我是女孩才连累了爸爸……"

女儿走后，我一直在回味她说的话。那个时候我似乎真的中邪了，但这也许是很多女人都会经历的事情，也是人之常情。和老公在一起久了，老公的闪光点早就失去光芒，能起到刺激神经作用的只剩下那些豆大的缺点。到目前为止，我觉得，在与老公的相处中，让我后悔的事很少。反过头来看，恰恰是那些吵吵闹闹，才让生活变得有滋有味，不单调。而让我感到后悔的事大都集中在养女儿这方面，我觉得自己做了很多错事，好在迷途知返。

晚上我和老公一起到几个朋友家拜访。由于明天我要上班，因此只能老公一人去看望我爸妈。也好，没有我跟着，我爸妈就会把注意力放在老公一人身上，更能发现老公的优秀。

感谢老公的包容与陪伴！

徐少波回复

什么时候才能知道自己"中邪了"？是在"邪"走了之后。就像做梦，一般只有在醒来的清晨，才知道自己做梦了。梦中的人会认为梦中的一切才是真实的。

哪个是真实？哪个都是，哪个又都不是。就像手心、手背，它们都是我们看到的手，但又都不是手，因为我们只能看到一面，而手，却是由手心、手背合成的那个整体。幸运的是，在醒悟后，你看到了生活的全部。

这么一条大鱼，这么多年一直被渔者这么对待，竟然还一直包容与陪伴着渔者，确确实实值得被感谢。

李克富点评
感知美好是一种能力

所谓的"中邪了"，其实就是一种认知偏差，或者说是"注意力狭窄"，把本来有两个面的硬币活生生地看成了一个，还一直固执地认为是硬币错了：你怎么只长了一个我不喜欢的反面，你为什么不长个正面呢？人一旦进入这种状态，就不容易出来，也很难把别人的不同意见听进去，反而会觉得别人错了。这样就会导致一个恶性循环——看别人不顺眼，自己也会生气，越生气，越看别人不顺眼，继而就会有一些负面的言语和行为释放出来，导致别人真的做出一些让自己看不顺眼的事情……

我们还可以从另外一个角度来解释，为什么婚后会发觉原来自己欣赏的那个男人或者女人不再值得我们欣赏了。

因为，感知美好是一种能力。这种能力体现在两个方面。

一方面是，明白所谓的美好指的是现实和自己的预期相符合的程度，然后根据现实去调整自己的预期。就是说，我们的另一半，在短时间内并没有多大的发展和变化，如果用分值来表示的话一直就是70分，可婚后我们不知道哪根筋搭错了，对另一半的期望值飙升到了99分，这中间29分的落差导致我们的不满，甚至痛苦。另一个角度是，我们的另一半一直擅长跑步，可婚后我们突然想让他去跳高，那他自然是做不到的，或者说做得肯定不如我们预期的那样好，这种落差同样会让我们难以忍受。

另一方面是，年龄不同，理解力也不同。就像一个孩子，很难意识到那个严厉批评他的父亲是为了他好。小水湾是感知不到大海的美好的，甚至还可能埋怨大海："你干吗要那么大啊，这些大风大浪多吓人啊？！"

重新认识到这个男人的好，一定是你感知美好的能力提升了。

第60天

来不及等待，又是新的一年

　　早上我开车去办公室，路上堵得不行，外出访友的人增多。上班的人似乎少了很多。今天的办公室更加冷清。

　　上午十点多，同事小张就赶来接我的班，他说自己也没什么事情做，一个人吃饱，全家不饿，不如来办公室值班。我像得了特赦一样，动身回家，但并未告诉老公我提前回去了，否则肯定要陪着他和女儿一起回我妈家。给老公和老人一个单独相处的机会，让他们体会一下，没有我这个"双面胶"，他们是否已经粘连在一起。

　　回到家中，我随便吃了一些东西，开始清理家里的杂物。老公已经把春联贴好，女儿也粗略地打扫了一下家里的卫生。所以，我的清理是深层次的。我先是把衣橱里常年没穿的衣服打包，准备找时间处理掉，然后把家里的杂物该扔的扔。敢于扔，心才能变得更宽阔，生活的环境才更舒适。

　　下午一家三口去婆婆家，帮着老人收拾年货，晚上一家人聚集在一起吃年夜饭、看春晚。年就这么开始了！

徐少波回复

岁阴穷暮纪，献节启新芳。冬尽今宵促，年开明日长。冰消出镜水，梅散入风香。对此欢终宴，倾壶待曙光。

过年了！附上一首李世民的《除夜》，来庆祝这辞旧迎新的时刻。

李克富点评

过年，过的是什么？

穷的时候，小孩子就盼着过年。长大后的他们，也会对那时候的"年"念念不忘，说那个时候的年味浓，说那个时候的红烧肉香。

现如今，不穷了，却再也感受不到那种年味了，包括小孩子，因为在他们的感受中，春节仅仅是众多节日中的一个，并没有多么稀奇。

春节，对于已婚的男人或者女人来说，有些像夫妻相处时的那种感受：不过吧，人家都过，也都过了这么多年了；过吧，又很难提起什么兴趣，就是吃点、喝点，以及看那个已经没有什么新意的电视节目。甚至，为了迎合这个喜庆的节日，还要装得亲密一点，柔情一点。

由于人类的局限性，我们只能用过去的经验来评判今天的处境，抑或是推断未来的走向。可是，这里面有一个巨大的陷阱，就是今天可能和昨天不一样了，也就是说，昨天的经验已经不适合用来评判今天了。就比如，用物质匮乏时代过年的感受，来评判物质极大丰富时代过年的感受，就一定是错误的。

但我们一般很难意识到这一点，很难意识到是我们的评判标准错了。我们在用过去的经验来评判已经不一样的今天。比如，恋爱与婚姻。流行的说法是：婚姻是爱情的坟墓。其实，这还是以恋爱时的经验来评判婚姻。殊不知，婚姻和恋爱根本就是两回事，怎么可以用一套标准来衡量呢？

再比如，父母普遍会抱怨青春期的孩子逆反，这也是因为父母在用对付青春期之前的孩子的经验来评判已经进入青春期的孩子。可以确定的是，这两个时期的孩子无论是在生理上还是在心理上都有巨大的、明显的差别。

面对如今日新月异的生活，如果还是本能地按照过去的经验来经营当下的日子，出问题是必然的。

新年，是结束，也是开始。现在已经到了该思考的时候。

第三个月

第61天

2015年2月19日　周四　晴　☀
不同馅的水饺，味道不同

　　大年初一，我和老公带着女儿继续回婆婆家。中国人的年味更多体现在"尊老爱幼"上，看看那些源源不断来给婆婆拜年的人，以及那些喜笑颜开、满口袋红包的孩子！我也提前备足了十几个红包，给老人、给孩子。似乎到了这个时候，人们才会对人丁兴旺的概念有更深刻的感受。

　　中午我们吃了婆婆自己做的羊肉水饺。女儿吃到了芝麻团，老公吃到了花生，我则吃到了红糖。这些都是美好的象征，寓意女儿会芝麻开花节节高，老公会升官发财再得子，我则是甜甜蜜蜜红一年。婆婆说，我和老公可以给女儿生个弟弟。女儿只是笑，没应答。而我和老公并没有生子的打算，倒是想去领养个孩子，积德行善。

　　晚上我们在婆婆家吃完晚饭，陪孩子们放烟花，然后回家。看似轻松的一天，体力却不知不觉透支，我坐在沙发上，连说话都觉得费力。这就是羊年的第一天，一家人带着那么多美好的期望，继续迈开生命的脚步。

徐少波回复

在饺子中包裹各类有吉祥寓意的馅儿，似乎是很多地方都有的风俗，既增添了节日的气氛，又代表着人们对来年美好生活的祝福。

在这种行为的背后，还隐含着另一层深意，那就是希望。希望对于一个人、一个家庭，甚至一个民族都是至关重要的。可以说，在所有的物种中，只有人类，是活在希望当中的。那希望又在哪里？希望就在我们的心中。有了希望，才有了奔头；有了希望，就有了干劲。

羊年的第一天，一家人带着那么多美好的期望，继续迈开生命的脚步。

李克富点评

两篇伪装的日记

在这两天的日记里，我没有看到节日的喜庆，尤其没有看到那种发自内心的欢喜，有的只是完成任务似的罗列和应对。

一个心理咨询师坐在咨询室里听求助者讲述的时候，一般不会只在意求助者说了什么，而是更关注求助者是怎么说的，关注求助者在诉说时的情绪状态。比如当说到伤心事的时候，难过是应该的，但过分的难过就意味着问题。同样，求助者在诉说一件高兴的事时，面部表情应该是微笑。求助者如果平铺直叙、面无表情，就意味着问题。

伪装两天是可以的，更何况在过年期间大家都在伪装，相互说一些客气话。但在教育孩子的过程中，如果父母长期伪装，孩子就有可能出问题，因为孩子有能力过滤父母说的话，直接体验父母的情绪，体验父母伪装背后的东西。这样孩子就会认为父母是虚伪的，是不理解自己的，心理是矛盾的。

举个最简单的例子吧。问家长："你在乎孩子的学习成绩吗？"

相信有好多父母会说："不在乎，只要孩子能有一个健全的人格，能快乐地成长就足够了。"好的，如果你也是这么回答，那么现在请平静平静，然后认真地再回答我："你真的不在乎孩子的学习成绩吗？"如果答案还是肯定的，那再想一个问题："你能接受你的孩子将来上职业高中吗？"看清楚，是职业高中。我不是说职业高中不好，只是多年的经验告诉我，让孩子还在上小学或者初中的父母，接受自己的孩子将来上职业高中，的确是一件很难的事情。

想要做一个真的不在乎孩子学习成绩的父母，太难了。

在乎就是在乎，这合情合理。父母和父母的差别在于，有的父母可以想出适合自己孩子的方法，以便引导、帮助孩子，而有的父母却只会唠叨、指责孩子。

确切一点说，伪装是一种消极的应对方式。伪装是弱的体现，有助于缓解当前的不利处境，但要想解决问题，尤其是在教育孩子方面，我们就必须直面伪装背后的软弱之处。

第62天

2015年2月20日　周五　阴　☁️
儿时留下的美好印记

今天是大年初二，老公开车带我和女儿去我妈家。

我妈已经做好准备迎接我们，一见到我女儿就立马给她一个大大的红包。似乎在我妈家，初二才是正式过年。老人家拉着外孙女问东问西，嘱咐她要听话，言行举止要像个大家闺秀……我把给家人准备的红包塞给我妈，制止了她对女儿的唠叨。妈妈会心一笑，不再过问。

邻居家肖爷爷的女儿肖玲比我年长一岁，我妈说肖奶奶去世半年多，为了避免老人伤心，肖玲回来陪肖爷爷过年。昨天肖玲过来拜年，听说我今天回来，下午要来与我叙旧。我们俩从小一起长大，关系亲密。只是从大学时期开始，我们不在一个城市读书，然后就是各自结婚、生子，彼此之间联系甚少。虽然我们少了联络，但那种从儿时积攒起来的感情，依然未变。

下午三点，肖玲来找我，虽然如今的我们都是半老徐娘，但彼此眼中的对方似乎依然是年轻时的样子，从未经历过时光的打磨。脑海中的肖玲与现实中见到的肖玲完全一致。肖玲有两个孩子，儿女双全，女儿比我女儿大三岁。她也正经历着青春期与更年期的碰撞，话里话外满是对女儿和儿子的不满。在顾及女儿面子的同时，我也跟肖玲交流了一下我的感触，告诉肖玲我现在正跟着新阳光的老师学习，进行个人成长的记录。肖玲对此也很感兴趣，说等有机会想要深入了解一下。

晚饭后，我们一家三口准备回家。女儿和肖玲的女儿依依惜别。好在现在网络这么发达，彼此之间的距离随时可以拉近。我觉得儿时的一些时光在我身上留下了很多美好的印记。所以，在自己的孩子年少时，家长一定要多给孩子一些美好的印记，让孩子的回忆充满快乐。

徐少波回复

相较于现在发达的网络，我们童年时代的那种环境，似乎更有利于人与人之间的交往，更有利于人与人之间情感的培养，更有利于留下美好的印记。

我们是无法阻挡社会发展的脚步的。但是，即使网络再发达，时代再进步，在家庭这个范围内，我们也要努力保持这种人与人之间近距离接触的方式。因为近距离的接触，能让人融入更多情感。也因为，我们的本性需要这种近距离的接触。

李克富点评
一定要保留体验和传达情感的能力

我们在母亲的肚子里时，既不孤独，也不恐惧。因为那时候还没有"我"，"我"与世界是一体的。但随着我们的降生，这种平衡就被打破了。

在妈妈肚子里的时候，我们吃喝拉撒睡一体化。而当我们来到这个世界上的时候，这一切就不复存在了。我们必须重建一条纽带来替代脐带，以获得生命所需的能量。在这一点上，本能早就做好了准备。科学家观察发现，婴儿一出生就有着令人惊异的社会能力，并且他们会倾向于调整自己的情绪，使其和母亲的情绪保持一致，出生两三天的婴儿就能识别并模仿人的面部表情。

与母亲保持一致，就是为了让这条纽带变得坚固，因为如果太另类的话，我们被抛弃的可能性就会增加。能否和这个世界建立联系是关系到我们生死存亡的大事，而这个关系实质上可以分为两个层次。

一个层次是，坏的关系比没关系好，因为坏的关系也能保证我们活下来，而我们一旦脱离了这种关系，可真就是死路一条了。本能替我们做的另一个准备就是，一个女人一旦升级为母亲，就会倾向于和孩子建立关系。但本能无法保证这种关系的质量。

另一个更高的层次当然是有一个相对较好的关系。这个"好"体现在哪里？就是情感，愉悦的情感。这种情感不仅能满足我们生理上的需要，还能满足我们的内心和我们的精神。可以说，这种对情感的需要是本能的，是从婴儿时期就建立起来的。前面说了，我们在母亲肚子里的时候，既不孤独，也不恐惧。但来到这个世界之后，这两种感觉极有可能伴随我们一生。尤其是在我们吃饱了之后，这两种感觉可能会更强烈。而能打败这两种感觉的，就是情感，愉悦的、亲密的情感。

现代社会的发展，正在逐步压缩我们建立情感的空间。邻里消失了，有的是更多的钢筋混凝土的格子、更多的时刻表、更多的信息，以及由此带来的无尽烦恼和巨大压力。而这一切，又容易导致如今的为人父母者，在教育孩子的时候，忽略了和孩子的情感交流与连接。如果孩子在成长的过程中缺少了来自父母的优质的情感滋养，一些问题出现的概率也就随之增加了。

父母一定要保留体验和传达情感的能力，为了孩子，更是为了自己。

第 63 天

2015 年 2 月 21 日　周六　晴　☀

不是东西太多，是记忆太满

　　进入大年初三，老公外出参加聚会，女儿参加中学同学聚会，只剩我一个人在家。我开始关注家里的书房，有了收拾书房的想法。这么多年，我积攒了很多自己特别喜欢的书。为了收藏，对于同一套书我会买三套甚至更多，一套签上名放起来，一套自己随手翻阅，一套逼着老公和我一起阅读。若是买更多，我则会转赠亲友，而且会不时与他们交流，以便判断他们是否用心阅读此书。

　　女儿在这一点上，并不像我，而是介于我和老公之间。对于自己想看的书，女儿会废寝忘食地读完。而对于自己不喜欢的书，任他人费尽口舌推荐，抑或百般诱惑，女儿也从不就范。徐老师曾对我说："假若让一个不爱看书的人连续读三天书，他会特别难受；假若是一个爱看书的人，你让他连续三天不看书，他更难受。"之前，我对事物的看法一直是两极对立，总把自己认为对的标准用到所有的事情上，现在我已不再这么固执。

　　位于书柜底层的一些书是大学时期买来的。当我翻阅这些书的时候，从稚嫩的字体，彩色笔画出的经典语句及注解，我都能感受到时光的跳跃，我的脑海里涌现出那时的青涩时光。一天的时间就这么过去了。我仅收拾了书柜里的一小部分书。不是东西太多，而是记忆太满，我随手一翻就会有太多的回忆涌上心头。不知道等我老时，我坐在躺椅上，会想到什么。

徐少波回复

我敢断定，你今天的回忆是美好的。

这基于一个基本的心理学常识：能回忆起什么，跟我们回忆时的情绪状态直接相关。任何一个人，都会基于当下的情绪状态来重组记忆中的材料：快乐时，会回忆起更多快乐的记忆，即使对那些不愉快的记忆，我们也会重新赋意；悲伤时，就会回忆起更多消极的记忆，那些快乐的记忆也会遁于无形。

我常说，真正的幸福是老年的幸福。因为那时候，回忆这一生，乐是乐，苦亦是乐！现在你知道，等年老的时候，坐在躺椅上，会想到什么了吗？

李克富点评

我们脑袋里的标准很可能是错的

人是社会性的动物，注定必须好多人在一起才能活下去，所以就需要有一些规则来约束人与人之间的关系和行为。有一些规则是相对普遍的，比如不能打人，要有礼貌，等等。有一些规则就是相对个人的，就像这位母亲自己认为对的标准，比如孩子要听父母的话，必须好好学习，等等。

今天我们不谈所谓的普遍标准，就来看看"自己认为对的标准"是否站得住脚。

首先要说的是，每个人都必须有这些"自己认为对的标准"，必须依靠这些标准来指挥我们的行为。如果我们脑袋里没有标准，或者我们自己都觉得这些标准全是错的，那就没法活了。

这就带来了第二个问题：如果这些"自己认为对的标准"可以指挥我们的行为，可以让我们的生活过得很好，那这些"标准"就是对的，就可以继续使用。反之，这些"标准"就是错的，或者说需要调整。借用一句老话：实践是检验真理的唯一标准。

大家如果稍微熟悉一点当时的历史背景，就会知道这句老话是怎么来的。很简单，就是有人认为过去的标准就是真理，就是对的，我们不用管现实的情况，只管照做就好了。而有一些人却看到了这种指导思想的错误，而且这种错误的指导思想已经造成了现实层面的问题。

但说实话，要把这句老话付诸行动很难。难在这么几个地方。

一是，要能正确地评估实践的效果。简单说就是，一锤子下去，那个钉子是砸正了还是砸歪了，要能看出来。这一点的困难主要在于，在生活中很多事情的结果一般是延迟呈现的。举个例子：有人认为对孩子严格管教是对的，所以就一直严格管教孩子。一开始的几年，严格管教的效果一般是好的，可有很多一直被严格管教的孩子在进入青春期之后，却怎么也不肯上学了，甚至患上了严重的心理疾病。

二是，承认自己的标准有错误很难。无论从哪个方面来说，人都不愿意否定自己、说自己错了。我们通常的做法是指责别人、推卸责任。孩子的成长只有一次，一旦出现问题就是一个大问题。在这种情况下，就是亲爹亲娘也轻易不敢承担育儿失败的责任，不敢承认由自己的错误教育标准导致了孩子的失败。

三是，即使承认自己的标准错了，改正起来也非常难。我们这些所谓的标准都已经形成了不止一天两天，可以说都已经固化成了稳定的习惯，想在短时间内调整过来几乎是不可能的。减肥为什么很难？原因之一就是过去的饮食习惯等都已经形成了一套固定的模式。

改正起来难怎么办？难也得调整啊。

第 64 天

2015 年 2 月 22 日　周日　晴　☀
一切都会很美好

　　一家人明天启程去北京，今天策划行程，各自准备行李。我因为车技不行，又担心老公一个人开车太累，所以打算坐高铁出行。女儿似乎很兴奋，问我是否可以坐飞机，这是她最喜欢的出行工具。其实，无须我思考，老公肯定应允他宝贝女儿的要求。

　　一切收拾妥当，老公提议去吃顿刺激的大餐。提到"刺激"，我和女儿就不由自主地想到了川菜。但鉴于女儿明天任务艰巨，所以我们最后权衡的结果是吃湘菜。少了那份麻，似乎就不会对女儿有太大的影响。只是，硬生生斩断"馋"丝，总有些不尽如人意的感觉。

　　餐厅的年味依然很浓，客人来吃饭可以抢红包，除此之外还有很多活动。女儿手气不错，抽到了100元的红包，她高兴得像捡了金馅饼一样。也许羊年预示着好的开始。女儿一切安好，生活也越发有滋有味且顺心顺意。其实，我们的日子跟前几年相比，从物质水平的角度来说并未有很大变化。我之所以体会到这么多的变化，是因为自己的内心变了。可喜的是，我们一家人都在往好的方向变化。

　　晚上我给两边的老人汇报了我们的行程，而后把家里的备用钥匙给婆婆，让她没事时可以来家里坐坐，替我们照看家。我是希望老人在家里多走动走动，免得家里被坏人盯上。我的心情不知为何有些忐忑。怀着美好的期待面对前行的路，一切都会很美好。

徐少波回复

让我们说点轻松的话题：馋，在哪里？

是眼睛吗？老百姓有话：肚子饱了眼不饱。是嘴巴吗？川菜，越辣越想吃，可舌头不会"想"。是肚子吗？可我们都有"饿过劲"的经历，过了那个点，反而不饿了。是脑袋吗？这是唯一正确的答案。馋，是心理现象。所有的瘾，都离不开心瘾。就像你总结的：硬生生斩断"馋"丝，总有些不尽如人意的感觉。感觉，就是心理现象。

用好的期待面对前行的路，一切都会很美好。

李克富点评

幸福在哪里？

语言就是符号，是生活本身的一种抽象的代表。所谓的"有滋有味"和"顺心顺意"在这个世界上是不存在的，这些只是我们借助语言符号对我们的生活做出的一种解释，或者是一种体验的表达。那么生活中有什么呢？有对家人的关爱，有工作，有对他人实际行为上的帮助，有那种全心付出后的畅快和收获时的欣喜（这属于体验）。

下面我们暂时把"有滋有味"和"顺心顺意"简称为幸福。幸福像一棵藤，只能绕树而存，不可能被单独地追求到。这是追求幸福的根本，但现在有好多人舍本逐末，认为幸福是可以直接去追求的。方向错了，跑得越快，离目标就越远。那么，"本"是什么？心理学家弗兰克说：人在效力于某事或热爱着某人之中实现着他自身，他越是在他的使命中升华，越是献身于他的伙伴，他就越是成为一个人，越是成为他自身，就越能体验到幸福。

幸福是一种体验，是一种解释。这种体验和解释在哪里完成？是在我们的脑袋里，而不是这位母亲说的"心里"。但这位母亲所表达的意思是完全正确的。如果一个人的"心"是扭曲的、黑暗的，抑或是焦虑的、恐惧的，他就不可能体会到幸福，更不可能认为自己的生活是幸福的。

我们说了和幸福相关的两个关键点，一是人不可能直接地追求幸福，二是想体验到幸福，心理上必须健康。一个只顾着索取的人永远体验不到幸福，获得幸福的唯一途径是付出。为了家人付出，为了工作付出，为了他人付出。哲学家赵汀阳说："人的直接生活事实就是与他人相处，因此，事关幸福的事情都是关于他人的问题。简单地说，幸福和痛苦，都是他人给的。"那他人在什么情况下会给我们痛苦，什么情况下又会慷慨地给我们幸福呢？一般而言，当我们满足了他人的需要时，他人就会给我们幸福。反之，则是痛苦。

第 65 天

2015 年 2 月 23 日　周一　晴　☀
她妈妈和以前的你是一样的

　　下午三点一家人到达住宿的地方，离着天安门不远。对于我这样的路痴来说，北京就是一个天大的迷宫，我在那里永远找不到方向。好在我不是一个人出行。

　　因为女儿的面谈被安排在明天下午，所以，我们有比较充足的时间逛逛北京城。现在是春节假期期间，来北京旅游的国内外人士颇多，天安门前也是熙熙攘攘的。上次带女儿来北京旅游已经是十年前的事了。女儿似乎对此没有任何印象。时过境迁，也许等女儿再年长一些，她才会察觉到万物变迁得有多快。

　　女儿的兴致不在欣赏景色上，而在观察人的表情上。真想让女儿学心理学，她的悟性肯定很高。女儿指着一个小女孩说："妈妈，她肯定很委屈。因为她妈妈看起来和几年前的你是一样的。如果她妈妈能像现在的你这样，她也肯定会像我现在这样的（用手托着堆满笑容的脸蛋）！"我忍不住笑了。也许女儿当年也这么说过，但绝对不会换回我的笑。难为女儿了。

　　晚上我们到小吃街吃北京特色小吃。吃完，我还是觉得家里饭菜更合我的胃口。回到酒店，一家人早早休息。明天的主题依然是追逐美好。

徐少波回复

对人的敏感的、细微的观察力，确实不是每个人都具备的。相信孩子的这种悟性，一定和她自己的经历有相当大的关系。从广义上来说，每个人天生都会在某个领域有悟性，这也是我们平常所说的天分。如果在后天的成长过程中，再找到和自己的天分相匹配的领域，就会有很好的发展。

现在的父母往往在孩子很小的时候，就给孩子报各种兴趣班。一部分父母（之所以不是全部，是因为还有很大一部分父母是为了缓解自己的焦虑）是为了找到孩子的兴趣点，找到天分与实际相结合的那个点。但从实际情况来看，大部分事与愿违。这可能有很多原因，其中有一条很重要的原因——孩子没有自由。一个没有自由的孩子，很难对学习抱有发自内心的爱。没有了发自内心的爱，学习也就成了一份苦差事。

李克富点评
反思带来的成长

当看到"她妈妈看起来和几年前的你是一样的"这句话时，有一个念头在我的脑海里自动地出现了："孩子，希望你长大后不要像几年前的妈妈一样。"

生物学家发现了基因的遗传效应，心理学家也提出了"代际遗传"的概念，简单说就是"有样学样"：孩子在思维模式、行为模式上会和父母趋近。其实我们一直都有这种认识，比如咱老百姓常说的"虎父无犬子""龙生龙，凤生凤，老鼠的儿子会打洞"等等。

基因的遗传靠的是DNA的复制，"代际遗传"靠的则是模仿。回想一下你第一次吃西餐时的情景，是不是偷偷去看别人是如何拿刀叉的？对，这就是模仿。靠什么"入乡随俗"？靠的就是模仿——别人怎么做，我就怎么做。

一个孩子既然来到了这个世界，就要学会这个世界的"俗"，也就是学规则。怎么学？跟谁学？很简单，模仿父母的所作所为，并将从父母那里学会的"十八般武艺"再运用到生活中。

如果这么说不好理解，那我们再借用一句俗话来分析。大家肯定都听说过"多年的媳妇熬成婆"这句话，那么这句话到底想表达什么意思呢？这句话其实是想表达，终于熬成婆的这个媳妇往往会变本加厉地对待自己的儿媳妇。我们通常的逻辑是，你自己当儿媳妇的时候受了那么多苦，为什么就不能好好地对待自己的儿媳妇呢？圣人不是说"己所不欲，勿施于人"吗？道理很简单，因为这个熬成婆的儿媳妇不会另外一种和儿媳妇打交道的方式，在她自己当儿媳妇的过程中她只学会（模仿）了这一种方式。另外一个重要的原因是，在过去，熬成婆的儿媳妇没有反思的能力。

之所以说在过去，是因为过去的生活环境是相对单一的，缺乏可供对比的参照物。比如，过去的婆婆可能都比较厉害，在一个村子里可能一个好婆婆也没有，这就使得儿媳妇的眼界变得狭窄，认为婆媳关系就应该是这样的。没有对比就没有反思，没有反思就不会有改变。

现代社会是一个多元的社会，即使在周围的环境中没有可供对比的参照物，我们还有书籍、网络。要打破不好的"代际遗传"，必须拥有反思的能力。反思，是调整，是理性，是驾驭家族走向的唯一方式。

第 66 天

2015 年 2 月 24 日　周二　晴　☀

孩子终究要长大，然后离开

　　我昨晚吃得太多，胃胀得难受，半夜把老公叫醒，让他给我买胃药，折腾到凌晨，才迷迷糊糊地睡去。

　　我醒来时已经是上午十一点多，老公和女儿都已经收拾妥当，正各看各的手机。十二点出发，一家人提前到了面谈地点，就近随便吃了点东西。我们提前十五分钟到了"古怪男"张老师的校外办公点。他上午就在这了，据说今天他安排了三个学生前来面谈，都是他精挑细选的相对中意的学生。

　　女儿与张老师面谈了大约两个小时，一切顺利。张老师正式给女儿发了学习邀请函以及三年的学习规划。我看得出女儿很兴奋。

　　为女儿高兴的同时，我心里也有一丝失落。女儿真的长大了，即将慢慢离开这个家庭，去属于她自己的天地。回想起自己启程读大学的时候，我像脱缰的野马一样，巴不得立马离家千里万里。那时我把心思都放在自己身上，从来没有设身处地想想父母的感受。有些感受只有经历过才能体会。

　　晚上一家人在北京轧马路。在迷宫里行走最不怕遇到胡同，因为总会有回头路可走。直到走得脚发胀，我才拉住老公和女儿打车回住处。忙碌的一天，所幸结果都是好的。回酒店后，我趴在床上写东西，再次有了高考前伏床写字的感受。

今天我悟到了一件事：金钱再多、成功再多，也只是一个人人生路上的点缀，只有那份体验才是人生大厦最基本的建筑材料。

徐少波回复

孩子终将长大，不管我们愿意不愿意。这话似乎有点悲情。一些父母在意识到孩子要长大后会体验到那份失落。

既然孩子总要"慢慢离开这个家庭，去属于她自己的天地"，那么为人父母者在孩子长大的过程中应该做些什么，才有利于孩子独立飞翔呢？这是一个大问题。望子成龙、望女成凤，这种美好的愿望是可以理解的，但相较于家庭，社会大环境要复杂得多。一个人如何在这种复杂的社会环境中生存下来呢？举个相对极端的例子。在我国每年出国留学的孩子当中，有一些孩子最终因适应不了国外的生活而选择了退学，有一些孩子甚至出现了严重的心理以及行为问题。这些孩子的典型特征是只会学习，十分欠缺人际沟通、应对挫折等能力。相较于发展，生存才是一个人的根本和基础。

有人说：所有的爱都是为了在一起，只有母爱是为了分离。这句话是符合实际情况的。

李克富点评

为什么要学琴？

孩子得到了老师的认可，并得到了老师的学习邀请函，确实是一件值得高兴的事情。但我还是想问一句：为什么"孩子得到了老师的认可，并得到了老师的学习邀请函"就值得高兴？

如果我的问题让你感到迷惑，那我就自问自答，看了答案之后你可能就不迷惑了。

高兴的原因之一是，孩子终于不再是负担了。一个喜欢哭的孩子，一个喜欢笑的孩子，你喜欢哪一个？一个学习好的孩子，一个不愿意学习的孩子，你喜欢哪一个？一个可以自食其力的孩子，一个需要你不断供养的孩子，你喜欢哪一个？答案是显而易见的。

也许有的朋友会说："不管孩子的外在表现如何，他都是我的孩子，我都喜欢。"好吧，我认可。那我再问一个更小的问题："当你扛着一个50千克的麻袋走了一天的时候，你能想象出当你突然卸下这个麻袋的时候，你的那种心情吗？诚实回答我：你是不是很愉悦？"是的，你一定会很爽的。

孩子会给我们带来乐趣。但不可否认，孩子也会给我们增添负担。当我们的孩子愿意上学，并有学校愿意接收他的时候，我们往往是高兴的。而且，即使孩子学习不好，我们的压力也会小一些，因为我们可以推卸责任，可以把孩子学习不好的原因归到学校和老师的头上。

高兴的原因之二是，你在潜意识中把学琴和美好的未来画上了等号。既然是潜意识，那我们就来清晰地分析一下：学琴和美好的未来能画等号吗？

在当今社会，对许多家长来说，不让孩子学点特长是万万说不过去的。舞蹈、声乐、主持、跆拳道等各种课程让人眼花缭乱。咱先不说孩子最后的学习效果如何，先来想一想：为什么要让孩子学习这些特长呢？

哈姆雷特说，活着还是死去，这是个问题。之所以这会是一个问题，就是因为活着有活着的理由，死去有死去的理由，而这两种理由又谁也不能说服谁。那么好了，假设一个人选择了活着，那么他就一定要有充分的理由来说服自己，理由可能是要去完成某种使命，也可能是仅仅觉得"好死不如赖活着"。一旦有了这样的理由，这个理由就一定会在他的实际行动中体现出来，他要么全力以赴地完成使命，要么浑浑噩噩地过一天算一天。

最可怕的理由是：别人都活着，所以我也要活着。

第 67 天

2015 年 2 月 25 日　周三　晴　☀
相信现在的一切都刚刚好

　　原定今天回家，结果女儿想再玩一天，又是还没等到我阻止，老公就笑着应承了。我压抑住心中的怒火，也许是妒火，随女儿去吧。我体力不支，一人留在酒店休息。

　　打开电视，一部名为《转身说爱你》的电视剧吸引了我的目光。在剧中，正好看到作为家庭主妇的小玉遇到生活的瓶颈，她的老公是善良又乐于助人的普通职员，一个人赚的钱除了养活老婆、孩子以外，还要大方地接济朋友、路人……可想而知，生活过得很紧巴。小玉对老公的怨气越来越多，感觉实在无法承受老公婚后的变化。这时她老公说："从一开始我就是这个样子，变的人不是我，而是你。"之后，小玉怒气冲冲地走出家门，出了车祸，而后昏迷不醒，进入梦境似的潜意识状态。在这样的梦境里，小玉穿越到 16 年前……

　　虽然是虚构的故事，但剧情依然吸引了我。也许再给我一次重来的机会，我未必做得比现在好。所以，不用时时对自己说"假如再来一次，我一定会珍惜，一定会做得更好"。相信现在的一切都刚刚好！

徐少波回复

电视剧的情节是虚构的，但这种虚构不是"无中生有"。所谓虚构，就是创造，所依赖的是人们头脑中的经验。如果说经验像蜡烛的火苗，那虚构就是烛光，至于烛光所能照亮的范围，就看个人的能力大小了。

其实，这种虚构不仅仅出现在电视上，也经常发生在我们每天的生活中，发生在我们的头脑中。比如你对老公的认识分为三个阶段：觉得他好，否则就不会嫁给他；觉得他不好，这个"中邪"阶段持续了好多年；觉得他好，那就是现在。

李克富点评

自欺欺人与迎难而上

"相信现在的一切都刚刚好"和"假如再来一次，我一定会珍惜，一定会做得更好"在本质上没有什么差别，都有些无奈，也有些自欺欺人，还有些不负责任，两者都是"劫后余生"的一种慨叹，除了能博得他人的一点同情，并没有什么实际的作用。

先说无奈。时间这东西的妙处就在于不能倒流，过去了就是过去了。面对如流水般的时间和已经长大的孩子，怎么能不无奈呢？除了无法留住时间的无奈，还有另一种无奈——无法掌控。这有点像在激流中浮沉的人，只能听天由命，不能自力更生。如果不明所以地被冲到了岸上，一定会发出"一切都刚刚好"的感叹。

既然无法挽回，那安慰自己的最佳方式要么是让自己确信"现在是最好的"，要么就是委婉地承认"过去的自己做错了"。之所以说这是自欺欺人，就是因为无论是确信"现在是最好的"还是"过去的自己做错了"，自己都没有长进，都没能从错误或者挫折当中获得宝贵的经验，这些想法仅仅是缓解了自己的痛苦而已。

没有长进，没有经验，自然就不能在未来的生活中调整或者修正自己的行为。而一个不能从实践中获得长进、增加经验的人，一定是一个没有反思能力的人，而这样的人一旦遇到问题，自然就会将所有的责任推到别人头上，或者推到社会、体制问题上。

慨叹得再好，也只不过是一些文字游戏，或者是一些宏大的意愿，好听但不好用。真正对得起生活、对得起孩子的态度应该是迎难而上。

过去的已经过去，我们所能做的就是反思，看清楚自己所犯的错误，并找到改进的方法，使得自己在今天以及明天不会重蹈覆辙。

生活还在继续，迎难而上意味着接受现状并努力改变。假设，仅仅是假设，过去的我们有两条腿，而今天我们因为自己的过错失去了一条腿，那迎难而上就意味着不再盼望着回到过去，也不慨叹"现在的一切刚刚好"，而是接受现实，直面痛苦，并努力用一条腿走出精彩的人生。

用行动去改变，别用嘴。

第 68 天

2015 年 2 月 26 日　周四　晴 ☀

风平浪静

　　上午十点，一家人踏上回程的路。女儿依旧兴奋，滔滔不绝地跟我说她的见闻及回家后的安排。我笑容以待，然后忍不住给了女儿一个大大的拥抱，说："你现在就像羽翼丰满即将飞走的小鸟一样，我这个做妈的怎么有点儿失落？"女儿扑哧一笑，回道："我会常回家看看。"一家人笑作一团。

　　下午到达青岛，一家人在外吃了便饭，然后回家各忙各的事。最辛苦的是老公，一刻不闲地陪女儿，回家没两个小时，又开车去公司忙事务。这么想想，男人真的很不容易。女人还能耍个小性子，男人的世界里似乎没这个选项。女儿似乎没有倦意，没多久也出门了，说是到培训老师那儿看看。我继续做之前未完成的事，收拾书橱。

　　今天有一件让我很感动的事情。婆婆在这几天来了两次，每次来，都在她觉得不妥的地方贴上温馨的便签。书橱上贴的便签是：建议把书橱调到北面，让撒到地面上的阳光多一些。老人家想得很周到。我欣然接受，计划找个家政人员帮我挪书橱。

　　明天开始上班。日子似乎在出现波澜后又恢复了风平浪静。折腾了这么久，我更喜欢过平静的日子。只是，女儿正在慢慢地远离这个家。气愤、抓狂、灰心、失望等负面情绪都烟消云散了。我也在慢慢调整，适应以后的生活。

徐少波回复

"我笑容以待，然后忍不住给了女儿一个大大的拥抱，说……"这是三个连续的动作：微笑、拥抱、说，饱含情感，正向阳光，换来了女儿的扑哧一笑，也换来了全家人笑作一团。可以回想一下之前和女儿沟通时的情景，定然是满脸的沉重和接二连三的指责，换来的也定然是女儿的横眉冷对与全家人的郁郁寡欢。

波澜之后的平静——新的平衡正在形成，每个人都在慢慢调整，适应以后的生活。

李克富点评

女儿的兴奋

女儿是真兴奋。

看到孩子的今天，相信所有人都会替她高兴。

女儿有兴奋的理由。

第一个理由，当一个人从烂泥潭里爬出来的时候，他一定会有一种劫后余生的兴奋。女儿爬出来了，从一个她原本不喜欢，但又给她带来短暂刺激的泥潭中爬出来了。之所以能爬出来，一个是因为没有人踹她了，比如来自父母的批评、指责，甚至打骂、侮辱；另一个则是因为有人拉了她一把，比如来自父母的关心和爱护，或者理解。没有一个孩子愿意待在烂泥潭里。如果父母暂时没有能力拉孩子一把，那就先保证不再踹孩子。

女儿不仅爬出来了，还找到了自己喜欢的发展方向，这就是女儿兴奋的第二个理由。一个在黑暗中待久的人突然看到光亮，一定是兴奋的。在这一点上，父母功不可没。孩子毕竟是孩子，对于这个社会以及未来，他们看不了那么远，也没有资源来支撑自己的选择和发展。好在这个发展方向是孩子喜欢的，并且孩子已经具备了初始的能力。自己喜欢和被别人强迫做一件事情的最大差别在于动力的持久性。打个不太恰当的比方来说明吧。自己喜欢好比自己有造血功能，而被强迫做一件事情好比需要靠外界输血。孰优孰劣是不是就很分明了？

女儿兴奋的第三个理由，是那个充满温暖、充满爱的妈妈和家又回来了。单就这一条，就值得女儿兴奋几天几夜。你说呢？动物学家曾做过一个实验，他们给小猴子做了一个"铁丝妈妈"、一个"绒布妈妈"。结果发现，小猴子只有在饿的时候才去"铁丝妈妈"那里找奶瓶喝奶，其余时间全部都乖乖地待在"绒布妈妈"的怀里。切记，当父母把"家"变成钢筋混凝土的房子的时候，也就是孩子离家的时候。

女儿兴奋的第四个理由是即将到来的"单飞"。离开父母的羽翼，离开父母的管束，独自去面对更加广阔的天空，去拥抱自由，想想就让人兴奋。而这还显现出女儿的另一个优良品质：面对即将到来的未来，她的信心大于恐惧。之所以说这是一个优良的品质，是因为有太多的人倒在了这一步——不敢。

还能记起你的孩子在何时，曾如此兴奋吗？

你的孩子没有陷入泥潭，但他有目标吗？

你的孩子有独自翱翔的愿望和能力吗？

第69天

2015年2月27日　周五　晴　☀

33岁的胖大妞开始恋爱了

今天是我年后第一天上班，其他同事都已经上班好几天了。我的办公桌上放满了各种零食。看来节日里大家都忙得很，忙着去日本、韩国、泰国等国家旅游。怪不得新闻里说某些国家的商品被中国游客抢购脱销。

上班时间，我仍旧比较清闲。我听着大家说起假日见闻，收获颇多。最让人吃惊的是旁边办公室的胖大妞的恋爱问题解决了。她33岁，终于开始了初恋。据说对象是一个身材匀称得像模特一样的人。两人是在假期同学聚会上认识的。大家似乎对这个事很感兴趣，讨论了半天。至此，单位的"难题"又少了一个。

下午女儿给我打电话说今晚参加培训老师举办的聚会，晚上不回家。我嘱咐女儿注意休息，就没再多说。从北京回来后，似乎因为担心女儿而紧绷的神经彻底放松了，我已经能够很平静地对待女儿的行踪。也许是出于女人的直觉，我觉得现在无须再牵挂女儿的安全问题。

晚上我和老公一起吃饭，饭后自己看书、写日记。离着写三个月日记任务结束的日子越来越近了。虽然我把写三个月的日记当作任务来完成，但和以往不同，这次没有任务临近结束时的那种欢呼雀跃般的解脱感，更多的是希望时间走得再慢一些。也许我喜欢上了记录，又也许怕时间走得太快，女儿离开得太急……

徐少波回复

在生活中，我们只会珍惜那些来之不易或者为之付出过巨大努力的事情或物件。所谓来之不易，是因为我们心仪已久。心仪就是需要，就像在极度干渴的时候喝白开水，会尝到甜味。没有了这份心仪做基础，即使是山珍海味，吃起来也会味同嚼蜡。在这个物质极大丰富的时代，父母抱着一颗对子女的拳拳之心，在不了解孩子需要的基础上，付出了巨大的努力，结果却往往是南辕北辙，原因就在此。所谓付出巨大努力，就是在努力的过程中注入了情感。离开了情感，我们不会珍惜任何东西。

你还能记起儿时珍爱的玩具吗?

李克富点评

可怜天下父母心

得替父母说几句公道话了。

做父母不容易，就让我们互相道一声辛苦了。

以前，父母的辛苦主要体现在物质方面，他们发愁的是怎么能让孩子吃饱、穿暖，怎么能让孩子吃得好一点，长得高一点，怎么能借点钱让孩子多上几年学。

现在，父母的辛苦和痛苦主要来自发展的世界。有人说，世界发展是好的，但发展得太快就不好了。而父母所面临的，就是一个发展得太快的世界。

先从日记中母亲对女儿夜不归宿的担心说起吧。在母亲青春年少的时候，恋爱是不多见的，夜不归宿就更是难得一见，性生活、少女怀孕、少女妈妈根本是天方夜谭。可现在呢？这些现象比比皆是。父母怎么可能不担心呢？

由此就引出了另一个更根本的问题：随着物质条件的极大改善，现代社会的诱惑变得越来越多，但我们抵抗诱惑的能力并没有发展起来。别墅、豪车、美食、帅哥、美女……这些诱惑随处、随时可见，不用说孩子，作为家长的我们又能抵抗多少呢？有了欲望，却又得不到满足，怎么能不痛苦？

父母期望孩子成龙成凤。这就引出了一个普遍而又深刻的教育问题。"不能让孩子输在起跑线上。"随着这句口号在父母的心中扎根，择园、择校、择班、择师就成了父母的追求。而孩子在业余时间不是学特长，就是在去学习特长的路上。父母真想让孩子学特长吗？至少一部分父母不想，因为学特长又花钱又花时间。但别的孩子都学特长，自己的孩子能不学吗？

其实，父母心里清楚，特长只是辅助，最重要的还是孩子在学校里的成绩，因为学习成绩好坏关系着能不能上大学。为什么上大学如此重要？因为大部人认为有了大学文凭才能找到好工作，有了好工作才能过上幸福美满的生活。在这条通往大学的路上，有些父母成了监工，有些父母甚至成了打手。看着别人的孩子那么优秀，父母怎么能不痛苦，怎么能不对自己的孩子痛下狠手？

这个世界正在变得越来越复杂，教育孩子也变得更加复杂。父母也就很难避免痛苦了。

做父母，不容易。

第70天

2015 年 2 月 28 日　周六　晴　☀

感受脆弱，拒绝坚强

　　由于补班，这个周六失去了它原本的意义。对于这样的补班，我以前会有很多牢骚，可今年没了，脑袋里全是家里的事，尤其是女儿的事。

　　老公今天工作繁忙，晚上有应酬。女儿也早早出门到培训机构学习。一切似乎都符合我对美好家庭的预期，可我仍有一丝丝想要抓狂的情绪。我想这就是属于我自己的那份自私与脆弱吧。我的脑海里回放着徐老师曾经说过的话语，也相信，那些话语在我身上引发的微妙的反应。就像今天，我即使能感受到自己的脆弱开始浮出水面，也刻意不让自己的坚强去拯救它。这个过程是让人煎熬的、虚脱的。就像徐老师说的，这是改变需要承担的痛！

　　晚上回家后，家里只有我一个人。女儿和朋友们一起在外吃饭，没有回来。我随便吃了点饭，而后坐着发呆。睡觉前做了一个很美的白日梦，努力让美梦成真。

　　徐少波回复

　　我们每个人身上都有自己看不到或不愿看到的特点，比如软弱、消极、被动、邪恶、懒惰等。因为这些特点消极，所以我们拒绝承认。但它们的存在不以我们的意志为转移。我们就只好用各种方法将其排除在意识之外。因此，可以将这些被拒绝的特点称为"阴影"。人们因为害怕在自己身上找到所有不幸的真正根源，就把源于"阴影"的所有表现都投射到生活中，投射到别人的身上，说是生活错了，是别人对不起自己。

"就像今天，我即使能感受到自己的脆弱开始浮出水面，也刻意不让自己的坚强去拯救它。"这就是在让自身的"阴影"见"阳光"，让我们看到原来看不到，或者说不愿看到的那一部分。虽然我们必然会经历"煎熬、虚脱"，但这个过程会让我们变得更加真实。

李克富点评
你是一个平庸的人吗?

你是一个平庸的人吗？我猜是。

其实我不用猜，我有九成的把握可以确定你就是一个平庸的人。

你能判断自己平庸吗？你是不是还在犹豫不决？到了下决心的时候了，到了大声地和自己说"嘿，你就是个普通人"的时候了。

我之所以说你是一个平庸的人，是因为我相信概率，是因为在这个世界上平庸的人占90%。你之所以犹豫不决，并不是因为你没有自知之明，而是因为觉察到了承认自己就是个普通人之后的那份深深的痛苦，以及希望破灭之后的那份恐慌。

为什么要说这个？因为一旦我们承认自己就是一个普通人，另外一个推论就成立了：我们的孩子有99%的概率也会是一个平庸的人，无论怎么努力都成不了"龙凤"。你能接受吗？你会痛苦吗？就像这位妈妈在日记中写的那样："我即使能感受到自己的脆弱开始浮出水面，也刻意不让自己的坚强去拯救它。这个过程是让人煎熬的、虚脱的。"

其实，坚强拯救不了脆弱。而脆弱，也不需要被拯救。脆弱需要的是被承认，被看见。只有拒绝承认自己平庸的人才是真正的平庸，而一个承认了自己平庸的人将变得不再平庸。一个看见、承认自己脆弱的人也将变得坚强。

更重要的是，承认了自己平庸，继而又承认自己的孩子也平庸的父母，就将变得不再焦虑（至少是不那么焦虑了），变得心平气和了。而这种平和的心理状态就离《大学》里说的"知止而后有定，定而后能静，静而后能安，安而后能虑，虑而后能得"的境界不远了。

第71天

2015 年 3 月 1 日　周日　晴 ☀

心里的那片天在慢慢放晴

　　今天我休息。北京的好友路过这边，专程约我吃饭。因为担心来家里吃的话我的挽留会让她难以离开，所以她坚决要求在外面找个安静的地方，一诉衷肠。

　　我们俩算是发小，从小学到中学、大学再到现在，互相见证着彼此的一切，虽然偶尔才会通话或见面，但不减骨子里的那份情。她一直是我学习的榜样，在事业上是女强人，在家庭中小鸟依人，一切都做得恰到好处。只是她有一个遗憾，就是到目前为止也没要孩子。也许这辈子孩子已与她无缘，因为她的子宫先天不适合孩子生长。

　　上次见面是两年前，也是好友路过这里。时隔两年，她依旧年轻貌美，周身散发着魅惑的气息。而我与她本来就无可比性。只是我最让她羡慕的是有一个漂亮的女儿。互相聊了一下近况，我说了一下女儿近期的安排。她比我兴奋，还说干女儿去北京这样的大事，我都不给她透个风，着实过分。是的，这次女儿去北京，我压根就没想给女儿找个靠山，也许骨子里还是有点担忧吧，担心女儿的反复无常伤及更多的人。

　　近傍晚时分好友强烈要求走，我也没再挽留她，和她约定北京见。

回到家，心似乎还在外面。静下来，心里的那片天似乎在慢慢舒展，慢慢放晴。

徐少波回复

无论出于什么考虑，没有给去北京的女儿找个靠山，对于女儿的成长都是有利的。孩子正在长大，需要独立地面对生活中的挫折与挑战。任何一个人，只有通过实践，获得实实在在的经验，才能学会如何去生活，而不可能只靠父母的说教。但在这个过程中，父母需要忍住焦虑。或者说，父母只有忍住了焦虑，才能不剥夺孩子成长的权力。

李克富点评
看客的心理

2月11日女儿平安归来，着实让大家松了一口气。如果是小说，到这里就应该结束了。即使是为了多赚点稿费，日记也应该在2月24日女儿获得去北京学习的机会那一刻停止，怎么说也不能再继续了，故事已经圆满了。可日记还在继续，这引起了很多朋友的好奇：难道后面还有"幺蛾子"？

其实，如果是小说，尤其是一流的小说家写的小说，结尾绝不可能是这种圆满的结局，因为幸福刺激不了读者，更因为生活本身并不圆满。

有人说：当一个人看到他人不幸的时候，除却表面的哀叹，其实内心深处还有一丝喜悦。你觉得对吗？

你如果留心一些媒体的新闻报道，就会发现一个普遍存在的现象：负面新闻远比正向的报道要多得多。如果你再留心一下自己的阅读习惯，也会发现同样的现象：对他人痛苦的关注要远大于对他人幸福的关注。为什么？

因为每个人都处在不同程度的不幸之中。如果他人的幸福大过我们自己的幸福，只会让我们觉得自己更加不幸。而他人的痛苦却可以起到相反的作用——让我们感觉到一丝幸福和愉悦，哪怕是虚无的、暂时的。可能还有一个原因，那就是生活需要刺激。心理学家已经通过大量的实验证实：平淡的生活令人感到乏味，缺少刺激的生活让人提不起精神，而人类遗传下来的基因却又要求神经系统周期性地达到某种高峰，要像心电图那样，不能是一条直线。

问题是，朝九晚五的生活就在那里，日复一日的工作就在那里，陪在身边的那个男人或女人不仅没有换过，还在一天一天变老，环境本身带来的刺激正在或者已经消失。怎么办？一个久经沙场的老将面对平淡的生活，是平静地死去，还是人为地制造战争？也许还有一条路，那就是看别人打架。

总结一下，看到别人的不幸会同时满足我们的多种需求：首先，也是特别重要的是，它会让我们的善良和同情心有了对象，这背后隐含着一种积极的自我评价和道德上的某种优越感；其次，通过与别人比较，我们感到自己是幸运的、幸福的，而这种幸运和幸福的感受背后就是那一丝窃喜，虽然绝大部分人不会承认；最后，它会调动我们的神经系统并使其达到一个高峰。

围观打架的人，如果怕架打得太大才不正常，因为这样的人已经偏离了常态，离圣人不远了。

第 72 天

2015 年 3 月 2 日　周一　晴 ☀

风雨之后见彩虹

　　年后刚开始上班的这几天，路况特别好，似乎每天的交通都是畅通无阻。也许大家都还在过年，还未回到忙碌的生活状态。

　　因为早上肚子不舒服，所以我没吃早餐。路过馄饨店，我被香味勾起食欲，于是打包了一份馄饨带走。到了单位，我停下车，开始处理肚子里的馋虫，边吃边看单位里的人出出进进。似乎进入羊年，大家都把阳光的笑容挂在脸上，没了年前的焦躁与纠结。对着镜子看看自己，我似乎也把岁月撒在一边，脸上红光微微泛起，嘴角也在自然上扬。

　　到了办公室，我不自觉又开始留意大家的面部表情，再一次确定，现在的大家是一年中最舒展、最平和、最能给人舒适感觉的。领导的秘书给每人发了一份小礼品，说是领导过年去国外探亲带回来的。礼品上面的文字显然不是我所能理解的。回想起我第一次出国旅游的经历，一到那个广袤又神奇的地方，就瞬间感觉到一种无知的陌生摧残着自己的自信。没法开口说话，没法辨别方向，更没法分辨周边的店铺到底叫什么名字。这样的文化冲击，让人恍恍惚惚、不知所措。想想当年若是把女儿送出去读书，她是不是也要经历这样可怕的变化?

晚上回家,我看到婆婆已经给我们做了一桌好饭,心存感激。婆婆说,昨晚梦到孙女坐在马路上哭,说自己饿,吃不饱,所以早早来给我们做好吃的,看到孙女吃饱了,她自己就不会做这么可怕的梦了。我看着女儿笑嘻嘻地坐在婆婆身边,尝试着和婆婆一起感受这种祖孙情谊。这种情感暖暖的,让人心满意足。也许我对自己幸福的定义就是如此:经历过风风雨雨,回归平淡时,看到子孙活跃在人间各处。

徐少波回复

老人家的说法,显然是"不对的",但老人家的行为,让我们体会到了浓浓的亲情。家,不是讲理的地方。亲人之间,追求的应是那份心与心之间的牵挂,那份心与心之间的和谐,而不应是对错与真理。如果没有了情感,没有了情感的交流,那家就不能被称为家了。可以说这是常识。但很多父母忘记了,抑或是他们小时候也未曾体会过这样的情感。家庭一旦缺失了情感,孩子想正常、健康地成长是很难的,就像庄稼缺少了阳光就很难茁壮成长一样。

让自己成为一个有"情"人吧!

李克富点评

风雨过后,一定有彩虹吗?

心理咨询的临床实践通常把压力源分为三类:重大事件压力源,如天灾、人祸、重大疾病;生活事件压力源,如工作调动、结婚、离婚;背景性压力源,如工作环境、长期不和谐的家庭生活环境。

人在适应这些压力时通常会经过三个阶段:第一个阶段是警觉阶

段，交感神经支配肾上腺分泌肾上腺素，这些激素会促进新陈代谢，释放储存的能量，导致呼吸、心跳加速，血压、体温升高等。

第二个阶段是搏斗阶段，生理和心理资源被大量消耗，个体变得敏感、脆弱，即使是微小的困扰，都可引发个体强烈的情绪反应。

第三个阶段是衰竭阶段，由于压力的长期存在，能量几乎被耗尽，这时人已无法继续抵抗压力。当个体处在这个阶段时，外在的压力源基本消失，或个体的适应性已经形成，那么经过相当长一段时间的休养生息，个体仍能康复。如果压力源仍然存在，个体仍不能适应，那么一个能量资源已经耗尽且仍处于压力中的个体，就必然发生危险。这时，疾病和死亡的发生都是可能的。

我们之所以在历经周末、节后或旅游后会感到轻松和愉悦，是因为暂时离开了原来的背景性压力源，使得身心都得到了一定的放松和调整。无论对于谁，这种方式似乎都是必需的，不能等到"衰竭"了再被动地休息。如果你感觉离开了原来的环境依然不能让自己放松下来，那就要多加注意了。

日记中的母亲，遇到的是生活事件压力源：原本听话的孩子突然不上学，还伴随着令人难以接受的各种品行障碍。相信任何一对父母遇到这种事情都会有"天塌了"的感觉，生理和心理的能量会被快速地大量消耗，最终进入"衰竭期"。这位母亲就是在这个阶段前来求助的。机缘巧合的是，随着心理医生的介入，女儿渐渐回归。此时，应激源逐渐消失。母亲经过几十天的修整，体力逐渐恢复，才有了风雨过后的心平气和。说实话，无论此时应激源是否消失，随着能量的大量消耗，一个人也基本不可能有波澜壮阔的激情了。心平气和是能量耗尽后的一种积极的解释，只不过这种解释附加了应激源消失或问题得到解决这一条件。

应该说，在三种压力源中，重大事件压力源给人造成的压力最突然，也最剧烈，让人更难适应。

所有人都讨厌压力，但压力的产生，或者说应激源的出现不以人的意志为转移。而且，压力或者说适应压力的过程还会带来某些好的作用，比如，压力就是动力。而今天我想说的是，压力或适应压力的过程还会带来个人的成长。这种成长主要体现在以下三个方面：

1.自我的改变。在凭借努力度过压力事件之后，你一定会发现，自己比想象中更强大。这会提升一个人的价值感，以及再次面对压力时的信心。

2.与他人关系的改变。日记中揭示的母女关系的改变是清晰的，夫妻关系的改变也是明显的，甚至这位母亲和公婆、朋友的关系也都得到了相应的改善。这是因为，我们作为社会人，当面临重大的应激源的时候，在得到帮助的同时，由于自己经受过困难，对他人的痛苦也会更加敏感，进而就会变成一个更有爱心的人。

3.人生哲学的改变。除了对自己和他人看法的改变，适应压力的过程还会改变人们对人生的看法。据调查，被查出患了癌症的女性，表现出这样的变化：她们开始对人生的优先级进行调整，对自己该重视什么有了新的判断，比如，会重新思考自己的人生价值，让自己活得更轻松，更享受生活。从长期来看，适应压力的过程最终增强了"幸存者"们的精神信仰，使他们人生的意义感增强，让他们获得情感上的释然，并建立起新的人生哲学。

但是，压力或适应压力的过程只是成长的必要条件，而不是充分条件。这就注定见到彩虹的一定是少数人。

第73天

2015 年 3 月 3 日　周二　晴 ☀
越看你，越觉得自己幸福得要命

　　早上女儿闹肚子，小脸蜡黄。我跟领导请了假，带女儿到医院检查。老公因为单位事多，没能亲自来陪护，只能不停地打电话远程慰问。虽然是在过年期间，医院里的病人却比商场里抢购商品的人还多。

　　临近中午我拿到检查结果，女儿患的是肠炎。我虽然对肠炎的确切概念不了解，但大体知道它的厉害。医生建议女儿住院一周，详细观察与治疗。我一直提着的心终于落地了，告诉老公检查结果，然后跟领导续假到周末。我把一切都安排妥当后，陪伴女儿，也相当于陪伴自己。

　　女儿迷迷糊糊地睡着。医生提醒女儿要注意饮食，饮食宜清淡。我把医生的要求发给老公，让他帮我们娘俩准备吃的。老公着急忙慌地赶来，看着熟睡的女儿，都不忍心叫醒她。我稍微吃了点东西，继续陪伴女儿。我和老公都盯着女儿的脸出神。而后听到老公说："看到她这会儿的样子，想起你当初怀孕的时候，那模样和现在的女儿一样。我每次做好饭都不忍心叫醒你，每次都是悄悄坐在一边看你，越看越喜欢，越看越觉得自己幸福得要命。"老公的描述给我的心注入了一股暖流。其实，我们从结婚到现在，一直很幸福。只是，我被感

性冲昏了头脑，以至于时常将这份幸福踩在脚下，然后怒指所有人的是是非非。

晚上我们本想带女儿回家，但女儿想体验住院且有家人陪夜的感觉。于是，我和老公像话剧里公主的仆人一样，悉听尊便，乐得体验。

生活里的点点滴滴其实都是让人幸福的，能感受这些点点滴滴也是一种幸福。相比于那些感觉迟钝的人或植物人，我们一定是更幸福的。

徐少波回复

你的悟性真的很高！

第一个层面是生活每时每刻都在变化，都在给我们发出无数的信号。但由于这些信号的数量实在太多太多，因此我们没有能力全部接收。就像下雨时我们拿到雨中的一个盆，只能有选择地接到一部分雨水。那我们以什么样的标准来筛选呢？答案是个人的需要。也就是说，无论你感受到的是老公的好，还是孩子的不好，都是由你自己决定的。就像那只接雨的盆，是放在屋檐下，还是放在天井中，完全由我们来决定，因为盆不会自己走。我们要明白一个道理：老公也好，孩子也罢，他们都在同时发出多种不同的信号，包括好的、不好的，我们往往只能感受到其中的几种而已，却认为这就是他们的全部。再想想那个盆，再大，也大不过下雨的面积。

第二个层面是对于同样的刺激（感受到的信号），人们会做出不同的认知解释。比如丈夫在外应酬，有的妻子会认为丈夫为了家庭非常辛苦，有的妻子则会认为丈夫对家庭不负责任。这种解释往往是自动化的，就是说只要丈夫外出这个刺激（信号）一出现，妻子就会自动做出这种解释，而不会根据具体情况做具体分析。这种自动化的思维一旦固化，就很难被打破。就好比你和女儿喜欢吃川菜，只要一听到"川菜"这两个字，口水就会往外流，两条腿就想往川菜馆迈。

第三个层面是感受到刺激，就会导致生理唤起，比如心跳加快。对刺激做出解释，就会在生理唤起的基础上，有意或无意地感到高兴或者生气。随后，这些想法会把你的主观感觉和生理唤起提升到新的高度，比如越想越生气。

最后，我们在以上这些因素的综合作用下，还会有不同的行为表现。比如，如果你认为老公为了家庭在外应酬很辛苦，就会对应酬后回家的老公给予关心和照顾；如果你认为老公不负责任，就会对应酬后的老公进行无休止的唠叨。行为的强度，还跟上面提到的情绪反应直接相关。就是说，你越心疼，照顾得就越周到；你越生气，唠叨得就越厉害。

可以说，我们的任何行为都是在这些因素的综合作用下发生的，而且整个过程的自动化程度非常高。这种"自动化"的养成跟成长环境有很大关系。吊诡的是，"自动化"一旦形成，环境对其就不起什么作用了，这种"自动化"会反过来影响、控制环境。就像之前提到过的——跟中邪了一样。

你近期的这种转变，可以说是在一种巨大的、强制性的刺激下，被迫发生的转变。虽说是不得已而为之，但结果可喜可贺！因为还有太多的人，撞了南墙依然不知回头。

孩子爸说得真好，"每次都是悄悄坐在一边看你，越看越喜欢，越看越觉得自己幸福得要命"。

李克富点评

幸福是什么?

自女儿平安归来后，日记中已经多次出现"幸福"这个字眼，尤其是今天丈夫的这段深情表白："我每次做好饭都不忍心叫醒你，每次都是悄悄坐在一边看你，越看越喜欢，越看越觉得自己幸福得要命。"我相信这段话足以激起一些身为妻子的女性朋友的醋意、妒意，甚至恨意。

那种幸福感似乎就在眼前，每个人都能感受到。可仔细想想，幸福是什么？你能说得出来吗？

在2012年中秋节、国庆节期间，中央电视台推出了《走基层·百姓心声》调查节目，工作人员深入基层对几千名不同行业的人进行采访，采访的问题都是"你幸福吗？"一时间，"幸福"一词成为媒体热词，也引发了中国人对幸福的思考。

可以确定的是，世上本没有"幸福"。"幸福"这个词被发明出来，目的是描述人们在生活中某个时刻的内心感受。那么，什么样的感受可以被称为"幸福"呢？"幸福"和"快乐"有区别吗？

人的这种感受似乎很难被界定，也很难被区分，但有两点是明确的。首先，这种感受是主观的，和客观的外界环境并不一定相匹配。比如，一个为了儿子结婚没白天没黑夜地挣钱的母亲可能是幸福的，而一个不愁吃喝的富家少奶奶却可能觉得自己的日子毫无幸福感可言。其次，"幸福"这种感觉一定是自己的，别人不可能体验到。

对于一种主观的感觉，我们该怎么来衡量，又该如何追求呢？

心理学家弗兰克说：事实上，幸福通常根本不是作为目标而浮现于人们的追求面前，而是表现为目标既达的某种附带现象。人在效力于某事或热爱着某人的过程中实现着他自身，他越是在他的使命中升华，越是献身于他的伙伴，他就越是成为一个人，越是成为他自身，越是能体验到幸福。

我个人认为这段话说出了幸福的本质：我们无法直接追求幸福，幸福不是索取而是付出。忘掉"幸福"吧，去尽心地工作，去真心地关怀他人，不管得到的是什么，至少不会是痛苦。

第74天

2015 年 3 月 4 日　周三　晴 ☀
因为痛苦的存在，甜蜜才越发吸引人

经过一天的治疗，女儿的状态好了很多，嗜睡，胃口开始变好。女儿给我讲了自己昨晚做的梦。梦里，女儿把头发剪短了，和我一样，留了齐耳短发，而后拉着我去照艺术照。我们俩开车去的时候，通过后视镜看到老公开着车紧随其后，眼泪汪汪地说我们俩变心了，竟然不带着他。总之，梦是欢快美好的。

中午老公过来给我们送餐，女儿将这个梦说给他听。老公的脸上挂满了醋意，似乎对我们俩的单独行动颇有微词。女儿很聪明，说这不是要到女神节了嘛，女神节是她和我的节日，让老公别掺和。在笑笑闹闹中，时间就这么溜走了，带着欢快的音符。

下午，女儿打完点滴，神秘地跟我说，她想看看小婴儿是怎么出生的。我本想让女儿上网看视频，但想想，这是女人必走的路，让她提前看一眼也无妨。我私下跟好友联系，征得产妇同意，我和女儿就旁观了产妇顺产的过程。女儿紧张得手心冒汗，身体都有些哆嗦，直到听到小宝宝的啼哭，她才有些许的放松。回到病房，女儿似乎被吓得不轻，断断续续地说："妈妈，生个孩子真不容易。科技这么发达，怎么没人发明个工具，让痛苦消失，让每个妈妈都能快乐地迎接小宝宝，而不是痛并快乐地迎接。"

我没想过女儿提出的这个问题，我能知道的是，因为这份痛苦的存在，甜蜜才越发吸引人。

徐少波回复

非常赞同你对梦的总结：总之，梦是欢快美好的。因为我也感受到了。

人在不同的情绪状态下，对同一件事的语言描述是不一样的。这种日记互动的方式之所以有效，就是因为作为心理咨询师的我们，可以通过你的描述，看到你所隐含的情绪以及对事件的认知解释，并通过点评促使你去看到自己原来看不到的地方，促使你形成一种新的思维方式。

李克富点评
痛苦——无人想要的礼物

保罗·布兰德和菲利浦·扬西合著了一本《疼痛——无人想要的礼物》。在他们看来，疼痛令人不快的性质正是疼痛得以保护人体的关键，因为疼痛具有强制性，比如脚崴了，就得单腿蹦。

我今天的文章题目有剽窃嫌疑，想表达的意思也与两位前辈十分相近。在此向两位前辈致歉、致敬。

不论是在文学作品里，还是在人们的印象中，秋天都是丰收的季节，是值得庆贺的日子。但作为曾经的农民，我深知，与丰收相伴的是巨大的痛苦。收获越大，痛苦越多。地里的粮食，不会自动跑到你的饭桌上、饭碗里，你只能弯下腰，用尽所有的力气，凭借自己的双手，把它们一颗颗、一粒粒地收割回来。

脱离农村，进入城市，来到更广阔的世界，收获和痛苦就能脱钩吗？答案依然是否定的。

心理学研究发现，一个人的成功取决于三个方面：欲望，毅力，个性。欲望谁都有，个性更是不缺，难就难在毅力上。何谓毅力？人在设定目标、克服困难、达成目标的过程中所体现出来的心理品质被称为毅力。为什么难？就是因为克服困难的那份痛苦令人难以忍受。

"痛苦—收获"这一模式，也是心理成长的必经之路，因为心理的成长注定要在挫折中完成，而经历挫折必然产生痛苦。心理咨询的临床实践也证明，主动寻求心理咨询的人无一不是正在遭受着心理上的痛苦。

丰收中的痛苦，成长中的痛苦，改变中的痛苦，坚持中的痛苦，等待中的痛苦，似乎都在提醒我们：遇到麻烦了，要小心对待。谁读懂了这种信号，谁就能活下来。也许这才是痛苦的本意——不是为了收获，而是为了生存。

痛苦是一种信号，而且带有一定程度的强制性。没有了痛苦的存在，不仅甜蜜可能不复存在，生命也可能消失。

第75天

2015 年 3 月 5 日　周四　晴 ☀
在医院享受不一样的人生

　　今天老公安排完公司事务后，就过来和我一起陪床。因为女儿对住院的热情似乎并未减少，所以我和老公都尊重女儿的选择，陪她一起继续在医院享受不一样的人生。

　　女儿很兴奋地跟老公聊她的住院感受。这场景像极了女儿小时候，我们第一次带她坐旋转木马的情形。在女儿不到三岁的时候，我们带她去深圳旅游。在一个游乐场，女儿直接奔向旋转木马，抱着马腿，撅着屁股就往上爬，那个样子特别可爱。在随后的日子里，只要提到旋转木马，女儿的描述都是声情并茂，极富感染力，我在一旁很容易被女儿的情绪感染。

　　下午一点多，女儿打完点滴，老公开车带我们回家吃午餐，他要亲自做他最拿手的清炖豆腐。回到家后，我们比以往更兴奋。家似乎成了一个我们向往的休息站，时刻吸引我们常回来坐坐。看来，时常"跳出"家，家才更有吸引力。而以前的我，巴不得把老公、孩子每天按时关在家里，一刻不多，一刻也不能少。如此死板的做法，只能让人对家失去兴趣，甚至望"家"生畏。老公做的菜一上桌，我和女儿就笑岔了气，因为老公在每块豆腐上都放了番茄酱，原本是做成了笑脸的形状，但因为番茄酱遇热变稀，每个笑脸都变成了喜极而泣的脸。这一餐我吃出的不是豆腐味，而是浓浓的家与亲情的味道。

三点左右，老公把我们送回医院，而后他回单位。我和女儿一个下午的话题都集中在老公身上。我给女儿讲述发生在老公身上的一些趣闻。女儿似乎从没想过自己那个温柔、干练的爸爸竟然也有这么多糗掉渣的故事。

女儿的肠炎似乎让家人之间的距离更近了。其实我们何曾远离过？

徐少波回复

尊重孩子的选择，真是所有父母都应该具备的能力。

尊重孩子的选择，就是给孩子自由。一个有自由的孩子，一个能自己选择做什么或者不做什么的孩子，就不会因外界的干扰而丧失对所做事情本身的兴趣。如果最后的结果是成功，那孩子就会体验到价值感与尊严；如果最后的结果是失败，孩子也会为自己的选择负起责任，并在总结经验教训后再次踏上征程。有了这样的过程和体验，孩子就会树立自尊，而自尊又是自信的前提。自信对一个人的重要性，我就不多说了。

如果父母不尊重孩子的选择会怎样呢？孩子就没有了自由，甚至没有了做事情的兴趣，即使成功了也不会体验到价值感，因为那是被逼的；失败了也不会担负起应有的责任，因为那是被逼的。成了你高兴，败了你难过，与我何干？孩子就不会树立自尊，进而容易丧失自信。在这个过程中，有些孩子会选择反抗，进而引发更严重的亲子矛盾或后果。

父母又是因为什么不尊重孩子的选择呢？简单地说，尊重他人的能力来源于自尊，而自尊的前提又是"他尊"。这个"他尊"里，包含着安全感的建立与爱。也许，远离的目的就是为了再次接近。

李克富点评
神奇转变的背后

直到今天，我都不相信这是事实。曾经剑拔弩张的家庭氛围，现在却变得如此温馨，充满浪漫气息。

是什么决定了治疗的效果，决定了这个家庭走出问题的时程呢？主要有这么几点。

一是问题的破坏性。不上学再加上严重的品行问题，这对一个孩子和家庭来说，破坏性是巨大的。

二是问题出现时的社会支持系统。对孩子来说，最重要的支持系统就是父母。对父母来说，最重要的支持系统则是夫妻间的相互扶持以及朋友间的相互帮助。

三是人格的成熟程度。人格越完善，越容易被治愈；人格越不完善，越接近人格障碍的水平，越难以被治愈。而且，人格的成熟度还部分决定了问题的破坏性。好比让一个10岁的孩子去举一个重100千克的杠铃，后果可能是孩子骨折，而对于一个举重运动员来说这可能是轻而易举的事情。

从一个家庭的角度分析这三点，情况会变得更加复杂。

不上学、脱离学校环境对孩子固然是一个打击，但对家长的打击似乎更大，尤其是那些对孩子抱有过高期望的家长。

在遭受如此打击之后，父母如果不能找到很好的社会支持系统，也就很难给孩子撑起一个安全的后方，更不用说想方设法解决问题了。残酷的现实还显示，在孩子的问题背后，基本上隐藏着关系并不和睦的父母。随着孩子问题的出现，父母之间并不是携手并肩地迎战，反而会更加气急败坏地相互指责、埋怨。

孩子的人格成熟度，只能部分决定问题能否被解决。因为孩子只是家庭的一分子，他的人格成熟度在很大程度上是父母人格成熟度的体现。父母的人格成熟度较低，而孩子的人格成熟度较高，这在理论上说不通，在现实中也基本不可能发生。

人格是逐渐成熟的。问题的出现在带来痛苦的同时，也带来了促使人格走向完善的机遇。

心理咨询师解决的是人们心理上的问题，但他能起到的最大作用也仅仅是助人自助。如果离开了求助者自身的努力和自身的康复能力，心理咨询师注定一事无成。

第76天

2015年3月6日　周五　晴 ☀

越回顾，幸福会越多

　　上午医生查房，建议女儿再做个评估检查，如果情况稳定，打完今天的点滴就可以办理出院手续。女儿似乎还未降低住院的兴致。但考虑到实际情况，我们还是听取医生的建议。检查结果很好，下午两点我为女儿办理了出院的相关手续，而后带女儿回家。

　　家里被老公打扫得干干净净。找到一个如此顾家的老公，真是我莫大的福气。女儿转身问我："妈妈，我经常听好朋友说她们的妈妈总是叮嘱她们，以后千万不要找自己爸爸那样的老公。你怎么就不这么说呢？"看着女儿认真的表情，我开玩笑地说："其实我一直想说，但找不到理由啊！你爸又不对我发脾气，也不做点坏事留个把柄。你爸太狡猾，让我无处下口啊！"女儿做出鄙视的手势，说我臭显摆，逗得彼此哈哈大笑。

　　晚饭后，我自顾自地坐在书房看书，女儿在客厅与老公聊天。我时不时地能听到他们俩的谈话。大体是女儿问老公对我这个老婆的评价及印象。当然，老公是巧嘴生花，我的强势、唠叨等等都被粉饰成了优点。想必老公那一刻必然是眉飞色舞，因为他对这个家的一切是十分热爱的。不管经历了什么，如今我能感受到的这些幸福绝不是凭空而来的，而是点点滴滴地累积下来的。感谢老公能把点点滴滴的美好收藏并时不时与我们分享，因为他，家才成为真正的家。

对我来说，现在写日记就是在反反复复回顾幸福的一切，越回顾，幸福越多。在这一点上，我希望我能继续回顾下去，即使成了强迫行为，那我也一定是最幸福的强迫症病人。

徐少波回复

你说得非常对——越回顾，幸福会越多！

其实，无论是好的东西，还是坏的东西，都会越回顾越多。这可以用"复习"来解释，就像我们想要记住课本上的知识，就需要反复学习。这也可以用心理学的专业术语"强化"来解释，就像我们的脑袋，越用越灵光。

幸福，就像光，只要一点，就可以在黑暗中闪亮。

苦难，像黑暗，无论多少，都没法掩盖光芒。

我们所要做的，不是消灭黑暗，因为黑暗永远消灭不完。我们要让幸福的光芒驱散黑暗，这样我们才会在苦难过后，体验到那份浓浓的幸福。

李克富点评
夫妻之间的关系有三个层次

夫妻之间的关系有三个层次：相互信任，相互理解，相互欣赏。

一个陌生的男人和一个陌生的女人，经过不长时间的接触，就要组成家庭，从此躺在一张床上睡觉，相互托付自己的后半生。至少你要相信对方不是一个坏人，不会趁着半夜你睡着了，把你扔到沟里。

信任，是结合的基础，但有时候这种基础不会一直牢固。随着时间的推移，本性的暴露，欲望的提升，信任的程度会逐渐下降，取而代之的则是相互之间的钩心斗角。从此，家，逐渐失去意义；心，逐渐由柔软变得狰狞。

但也有一部分夫妻保持了相互间的信任，进阶到了相互理解的层面。也可能是，随着相处时间的积累，双方由于互相理解而加深了对彼此的信任。何谓理解？把对方当作一个独立的个体来看，而不是用自己的标准来要求对方、解释对方。这相当难！因为每个人脑袋中的"图式"（过去所有知识经验的网络）都是关于自己的。完全理解对方很困难，部分理解或者说在某些重要的事情上做到理解，应该还是可以做到的。或者说，要想把婚姻高质量地维持下去，这部分理解是必要的。

再提升一个层次，就到了相互欣赏的阶段。今天日记中夫妻之间的互夸就有了这层意思，"想必老公那一刻必然是眉飞色舞，因为他对这个家的一切是十分热爱的"。互相觉得对方好，而且是发自内心地觉得，就是欣赏。

两个人结合、组成家庭的目的可能有很多，但大多数不是为了相互欣赏。只不过，在信任的基础上，加上部分的理解，再有相互欣赏的成分，达成婚姻目的的可能性就会大大增加。

第77天

2015 年 3 月 7 日　周六　晴 ☀

妈妈，晚安，爱你

　　连日在医院陪护女儿，我虽然并未觉得累，但今早的起床时间足
以说明我其实很累了。一睁眼已是上午十一点多，家里似乎静悄悄
的。至于老公何时起床，我毫无察觉。我晕乎乎地起床后，发现老公
一人坐在阳台的椅子上打盹，女儿不在家。

　　我到厨房，看到老公给我预留的中西混合式早餐，心里温暖的。
我悄悄地把这些食物塞到肚子里，都忘记了自己还没洗漱。有爱围绕
着我，似乎眼睛真的看不到、大脑也察觉不到世俗评判的"这样不卫
生"。我想，没了爱，再卫生也保证不了健康。而有了爱，即使再不
卫生我也一样是健康快乐的。

　　老公似乎睡得很沉，我坐到他对面，看到他一脸的倦容，有点心
疼。不知道老公在熟睡中能否感受到我在心疼他。

　　我独自下楼买了一些菜，打算好好做一顿丰盛的晚餐，犒劳这些
心中有爱的人。下午老公被公司同事打来的电话叫走，似乎他真的不
单单属于我、属于这个家庭。每个人都一样，再次借用徐老师的话：
"总是你的屁股决定了你的脑袋，而不是你的脑袋决定了你的屁股。"
也就是俗话说的"在其位，谋其政"。而我们的自由恰恰被这些角色、

这些现实绑架了。但谁敢肯定被绑架的人都是害怕的、心惊肉跳的？这世间有多少糖衣炮弹般的绑架？

晚饭后女儿的状态不太好，大概是小病初愈后的疲乏吧。女儿早早洗漱睡下。我一个人在书房看电视。晚上九点刚过，女儿的短信飘过来：妈妈，晚安，爱你。在周末的晚上，我又回想起自己在青春年少时做过的美梦。女儿现在应该正是被美梦环绕的时候。多希望女儿能健康快乐直到终老。

徐少波回复

你看到了沉睡的老公，有点心疼。我看到了在阳台上坐着的互相疼爱的夫妻二人，也看到了女儿的短信"妈妈，晚安，爱你"，有些感动。

俗话说："人在江湖，身不由己。"你说："我们的自由恰恰被这些角色、这些现实绑架了。"我想问的是：在生活中，难道我们真的如此被动吗？

心理学的常识告诉我们，客观外界事物本身是没有意义的，意义是我们人为赋予的，这些意义只存在于大脑之中。生活的意义、角色的意义、金钱的意义，等等，好像已经天然地存在于我们的观念之中。可这些意义是百分百正确的吗？还有没有其他的可能？我们有没有根据自身的具体情况做过具体的思考？决定权永远在我们自己手里，而不是生活。这是一个人意志自由的体现，只需要一点小小的勇气。

生活不只有眼前的苟且，还有诗和远方！

李克富点评

被"母亲"绑架的女人

母亲是（女）人吗？

我经常用这个问题难为那些被儿女弄得焦头烂额的母亲。她们面对这个问题的表现往往是怒目圆睁，有不解，有愤怒："你咋骂人呢？！"

各位看官，你觉得母亲是不是（女）人？

准确的答案是：母亲，仅仅是女人扮演的众多角色之一。除了母亲以外，一个女人往往还扮演着妻子、女儿、儿媳、职员、同事、朋友等角色。所有这些角色的背后，都是同一个女人。

社会心理学认为角色扮演含有角色期待、角色领悟和角色实践三个阶段。

角色期待指的是社会公众对其行为方式的要求与期望，比如母亲要"慈祥"，女儿要"孝顺"，朋友要"真诚"。如果个体偏离角色期待，就可能招致他人的非议或反对。除了"母亲"以外，女人扮演的其他社会角色，往往不会出太大的问题，原因就在于他人对其他社会角色的非议或反对是及时的。例如不孝顺不仅父母不答应，法律也不允许，他人更不愿意和一个不孝顺的人交往。而母亲这个角色遭到的非议或反对往往是延迟的，因为教育孩子属于家务事，他人不好插手。更因为孩子还是孩子，他还很弱小，所以父母不会听他提出的反对意见。这就导致了"母亲"这个角色处于失控的状态。没有外界强有力的异议或反对意见，母亲不能做出及时的调整。

角色领悟指的是个体对角色的认识和理解。在所有角色中，因为"母亲"这个角色的内涵最深，所以领悟起来也最难。比如，怎样做才是慈祥的母亲？无微不至地照顾孩子是不是慈祥的母亲？惩罚犯了错误的孩子是不是慈祥的母亲？随着孩子的成长，放手是慈祥的母亲，还是依然把孩子抱在怀里是慈祥的母亲？

社会在变化，昨天的经验不一定适用于今天的孩子。孩子在成长，今天的领悟也不一定适用于未来的孩子。这种复杂的变化给角色领悟带来了很大的麻烦。一个母亲如果不能与时俱进，后果也会相当麻烦。

角色实践是指在角色期待与角色领悟的基础上，个体在社会生活中实际表现其社会角色的过程。背过了唱词，也穿好了戏装，唱得好坏就要看戏台上的表现了。台上与台下，差别可不是一般大。比如，有的运动员在平常训练时成绩相当优秀，可一到真正的赛场就发挥失常。是什么在作祟？心理素质。能不能演好一个角色，关键看谁演，看演员的心理素质是否过硬。

在一定的文化背景下，角色期待基本是统一的。但在角色领悟这一环节，父母之间的差别可就很大了，有的父母领悟到的是"眼前"，而有的父母则看到了"诗和远方"。到了角色实践这一环，在和孩子的互动过程中，因为心理素质的细微差异，父母就是"八仙过海，各显神通"了。

"过海"是目的，当"神通"不灵的时候，及时做出改变是必要的。如果一个人抱着固有的"神通"不放，不仅过不了海，还有可能沉在海里。

无论何时，都别忘了自己首先是一个女人。

第 78 天

2015 年 3 月 8 日　周日　晴 ☀
那时，我原本是那个样子

　　今天老公到外地出差，至少要三四天才能回来，但他说一定会赶在女儿北上学习前回来，因为女儿是他心内最软的肉。一早送老公出门，我碎碎念了好多，他只是点头笑着答应，女儿则在一旁上演无声剧，配合我的念叨。

　　这一天的时光，我过得很惬意。漫无目的地随手翻阅那些被我遗忘许久的书籍，脑海里浮现出中学时的学习时光。那时候因为喜欢看书，我常常盯着校门口的图书借阅室。只要借阅室进了新书，借阅室的阿姨就会在放学的时候透过玻璃窗搜寻我的踪迹，看到我就扯开嗓门叫我的名字。那时候，我总觉得阿姨的喊声像极了学校年终评奖时颁奖者的声音。也是在那时，一直成绩优秀的我被叫了家长，原因是上物理课时我被老师发现看鲁迅的文集。而我的家长也跟其他同学的家长不同，虽然挨了批评很气愤，但他们气愤的焦点在于学校的死板教育，而不是我的不专心。家人对我的教育是：利用一切可以利用的时间读书。

　　也许正因为这样，家里的书房才有如此多的"失宠儿"，也许它们还会在静悄悄的夜里互相攀比，批斗我的用情不专。

由于女儿一天都在外面，我一个人在家也没有吃饭的欲望，直到晚上才吃了一碗肉丝面。书真的可以充饥。老公来电话嘱咐了我几句，似乎他才是"家庭主妇"，而我是一个"散漫的书生"。好久没在这个时间点与老公通话，青涩恋爱时的感觉又开始蔓延……

今天是"三八节"，女儿和老公都没有任何动静和表示，难道这个节日不属于我？

徐少波回复

对于你在课堂上看课外书，老师的批评无可非议，该干什么就得干什么。

"利用一切可以利用的时间读书"，家长的教育更是可圈可点。

遗憾的是，本不矛盾的事情，现在却很少有人能做到了。

作为过来人，我们可以回想一下：现在能让我们体验到乐趣的，能调剂枯燥生活的，是什么？一定是做自己喜欢的事情，比如读书。

快乐来源于想干这件事，干了这件事，干成了这件事。基础是"想"，是出于自己的内心，而想的前提是自由。

现在的孩子还有自由吗？没有了自由，还有快乐吗？让青涩恋爱时的感觉蔓延吧……

李克富点评

女人，不容易

一个男人酒后胡言："当年觉得，娶到了自己最喜欢的女人，今天觉得，娶谁都一样，都是孩子他妈。"

我不歧视女人，不敢，也不想。但我总觉得这哥们似乎说了一句贴近事实的醉话，当妈前的女人和当妈后的女人似乎不是同一个人。

当妈前，无论年龄多大，女人总觉得自己小，相信爱情，信任感觉，喜欢甜言蜜语的宠爱和花前月下的心跳。

当妈后，无论年龄多小，女人总觉得自己大，觉得孩子和孩子他爹都是孩子，而自己是主宰。尤其是孩子上学之后，当妈的那份责任心更是显得当爹的没心没肺。

从青涩恋爱到为人妇、为人母，从幸福甜蜜到折磨女儿、唠叨老公，是什么让一个女人变化得如此之剧烈？

男耕女织，男主外，女主内，这种自然的分工已经延续了几千年。虽说现代社会女人有了更多的工作机会，但养育、教育孩子的重任依然是女人无法推掉的责任。家里的事情相对于家外的事情，有三个令人讨厌的缺点：琐碎，见效慢，给人的成就感低。

对于琐碎，相信持家的女人都深有体会，吃喝拉撒睡，哪方面都得考虑到。事情多了，烦心就在所难免。而最令人烦心的，莫过于天天和一个不懂事的孩子打交道。

打猎，成与不成就是那一会儿的事，而织布则得耐住性子慢慢来。大部分人都喜欢做那种付出了能立刻得到反馈的事情。比如，相较于干家务活，我更喜欢做心理咨询，因为同样是1小时，做心理咨询有800元的收入，而做1小时家务活则没有收入。

收效最慢的，莫过于养育孩子。想想看：当孩子多大的时候，才敢说自己是一个合格的父亲或母亲了？更讨厌的是，在孩子成长的过程中，还面临着相互比较，你的孩子过了钢琴6级，人家的孩子不仅过了钢琴10级，还会画画、跳舞，你说你急不急？十年树木，百年树人，说起来容易，做起来难。

做着收效甚慢的琐碎事情，成就感低就顺理成章了。无论是男人还是女人，追求自身的价值感都是一种潜在的需要。这种价值感不仅会让我们感觉良好，也会让我们得到他人更多的认可，从而在一定的社会关系中拥有更加有利的社会地位。

一个女人，如果在工作和家庭生活中追求不到价值感，有效的变通方式是全身心地扑在孩子身上。母以子荣，按理说是很好的双赢。但为什么往往事与愿违呢？可能的解释是：太多的爱是一种伤害。也可能是，心急吃不了热豆腐。

男人，你为你的女人做了什么？

第 79 天

2015 年 3 月 9 日　周一　晴 ☀
它们是被风选中的幸运儿

　　早晨，开车上班时，路上堵得厉害，我顺便欣赏车外的风景。今天风大，我看着被风吹起的小方便袋在空中飞舞，不免想到它们的感受。从出生那一刻起，它们的使命就是装载其他物品，而后成为白色垃圾，生命周期结束。可随风飞舞时的它们，似乎是被风选中的幸运儿，可以借机环游这座城，也许只是几条街道，甚至几米的距离，但它们因此而不同。人也是一样。

　　女儿今天要参加辅导老师安排的一场演出，我有点担心她的身体。我本想跟女儿一起去，可女儿坚持要自己去完成。我没有强求女儿，我也有我自己的事要做。

　　单位今天异常热闹，好像是后勤服务部门内部起了一点小矛盾，闹得沸沸扬扬，连看门大爷都忍不住插手处理。人真的值得好好研究。一个人疯了或者所有人疯了都不可怕，可怕的是一些人疯了，一些人清醒。而最最可怕的是这两拨人在互相讲道理。真应了徐老师说的："疯子不可怕，大不了咱不理他。可怕的是你和疯子打起来，那我们就不知道到底是谁疯了。"很多时候，回忆徐老师说的经典话语，我都会不自觉地发笑。到现在我也无法明了，我是在笑别人还是在笑自己。我想，一个人站在制高点上看世间发生的一切，似乎会发现很多乐子。当我真正远离那段阴暗的日子，当我再回忆我和女儿之前的关系，生活似乎也没那么糟糕了。没了下雨前的电闪雷鸣，没了大风呼啸，没了树木摇曳，也没有了倾盆的大雨。

女儿的团队演出取得了成功，晚上演出团队成员聚餐庆贺。我一个人在家吃晚饭。如今这样的时光成了我生活的一部分，完全是一种享受！

徐少波回复

也许，世界上本没有一个制高点。即使有，也没人愿意站在上面鸟瞰生活，都看明白了，就没有意思了。假设，有个神仙会在每晚的梦里告诉你第二天将发生的一切，你觉得这种"尽在掌握"的生活能过多久？

生活之所以精彩，就是因为明天是未知的。未知就有惊喜（包括好的和坏的），就有欢乐与悲伤，人生就有高低起伏。

怕的是，我们只想要好的，不想要坏的，这才是痛苦的源泉。

李克富点评

心中有什么，你就能看到什么

每个人都是生活的参与者。但作为旁观者，观察他人的生活，对别人品头论足似乎更有快感，比如看那随风飞舞的方便袋，看别人之间的小矛盾，以及看这篇日记。

既然是评判，就得有标准，或者框架。就像鲁迅先生说的，一部《红楼梦》，经学家看见《易》，道学家看见淫，才子看见缠绵，革命家看见"排满"，流言家看见宫闱秘事。对于一个曾经将孩子推到悬崖边缘的母亲，我们又需要用怎样的框架来评判呢？

首先是心理的层面，比如认知、情绪、意志行为、需要、动机、安全感、人格等。从这个层面来看，有点像医生瞧病，着重点在于分析病因、病理。脱离具体的人来讲这些心理学名词或者用这些心理学理论进行分析，与讲道理基本无异，对于问题的解决并没有什么实际的用处。

其次是人的层面，因为人不仅有心理，还有生理，还要受到社会的影响。希波克拉底说过：了解一个什么样的人得了病，比了解一个人得了什么病更重要。在这个层面，我们看到的是一个"有病的人"，而不再是"人的病"，这样就建立起了基本的人文关怀，就有了对人最起码的尊重。

一个有问题的人，也往往认为他的"病"比他的"人"大，这种意识范围的狭窄也导致其问题的延续。而一个心理医生要做的就是让他在看到"病"的同时也看到他的"人"，并坚定地认为，人一定比病大。

在孩子的教育上出现问题，往往就是因为父母只看到孩子所谓的问题，而没有看到孩子是作为一个活生生的人而存在的。

最后就说到了社会的层面。社会心理学之父勒温指出：要理解和描述行为，必须将人和他所处的情境看成一个相互依赖的因素群。在特定的文化背景下，在具体的互动情境中，一个人能在多大程度上自由地支配自己的行为，这是一个非常值得重视和思考的问题。而作为一个旁观者，我们往往习惯过滤掉这些至关重要的因素，直接把原因归于凸显的人或物。

无论什么框架，都存在于观察者的头脑中，也就是说，你看到的，仅仅是你脑袋中有的，而与事实关系不大。

第80天

2015年3月10日　周二　晴 ☀

这三个可爱又可怜的小家伙

　　昨晚我睡醒一觉后，女儿才回家。回来就好，而后我继续安睡。这也是我有很大进步的地方，值得记录。

　　早上冷冷的。我在车库里见到三只嗷嗷待哺的小猫，看样子不是被猫妈妈安顿在这里的，而像是被别人刻意遗弃在这儿的。我动了恻隐之心，将它们抱到车上，陪它们在车里等了一刻钟，没有发现猫妈妈出没的迹象。看来我只能暂时收养它们了。

　　我折回家，在阳台上为小猫们安排了临时住所，放上一点稀饭和吐司，而后用屏风挡住它们窥视书橱的路线。我给女儿留了便条，告诉她来龙去脉，让她也照顾一下这三个可爱又可怜的小家伙。

　　上班时，大家议论起年后的就业形势。有几个同事的孩子今年毕业，将要参加工作，另外几个参加考研的孩子都落榜了。这样的担忧似乎离我很远，女儿距离真正步入社会至少还有三四年，谁也没法确定几年后的就业形势。所以，我安心过日子即可。

　　中午老公打电话关心我，问我有没有过敏。想必是女儿告诉老公我收养了小猫的事情。说来奇怪，这次不假思索地把猫咪带回家，我的身体到目前为止未见异样。难道过敏也是"人为"的？老公开始碎

碎念，让我如何如何做，甚至考虑好小猫的下一个养主是谁。心疼女人的男人似乎更有魅力。所有的一切似乎都在告诉我，我活在幸福的正中央，应该知足！

我下班回到家。本来在睡觉的小猫，听到声响后纷纷叫嚷着起来东张西望。看着女儿切的肉丁、蔬菜丁、吐司丁……我忍不住笑出声来。也许在女儿的培养下，这些小家伙可以接受吃蔬菜吧！我带女儿到婆婆家吃晚饭，因为离女儿北上学习的日子不远了，需要让女儿多和老人相处。隔代亲是不争的事实。

徐少波回复

看过几本博物学家洛伦茨写的关于观察动物的书，深深地被书中的情节所吸引，也再一次理解了宠物对于一个人生活的重要性，尤其是对于精神生活。也许，人们是在用这种方式，保持一种和自然的连接，因为我们也是自然中的一员。

心疼女人的男人更有魅力——这魅力来源于女人感受到了男人的心疼。

李克富点评

恻隐之心

孟子曰："恻隐之心，人皆有之。"

见到他人的不幸，或者看到某些弱小的生命而激起的那份同情就是恻隐之心。这种感觉可能令人隐隐作痛（见到嗷嗷待哺的小猫），也可能令人悲痛欲绝（还记得自己得知汶川发生地震后的感受吗？），总之是不舒服。

因为不舒服，就可能进一步有所行动，以便缓解这种令人讨厌的感觉。将小猫抱上车，又在家中给它们安排了临时住所，还留纸条安排女儿代为照顾。这就是孟子说的恻隐之心，仁之端也。"仁"属于含义极广的道德范畴，本义是人与人之间相亲相爱。孔子把"仁"作为最高的道德原则、道德标准和道德境界。

只要涉及心理，都要面对两个问题，一是客观世界，二是大脑如何反映这个世界。没有他人的不幸或者弱小的生命等客观存在之物，就没有供大脑反映的材料。大脑有点像镜子，功能是反映出镜子面前的客观存在。但大脑这个"镜子"又不是被动的，而是带有很大的能动性。比如，同样是这三只小猫，不同的人看到，也许都会有恻隐之心，但恻隐之心的程度很可能并不相同。再比如，如果让这位母亲在几十天前遇见这三只小猫，她还会有恻隐之心吗？即使有，她还会将它们抱上车、带回家吗？还有，如果这三只小猫被抱回家，吃饱之后，开始调皮捣蛋，开始在床上、沙发上撒尿拉屎，恻隐之心还会存在吗？

让我们延伸一下。看到刚刚降生的孩子时，还记得你的内心感受吗？是不是软软的，特别想帮他，但又无从下手？这就是一种典型的恻隐之心。

但随着孩子的成长，我们的恻隐之心就会逐渐减弱。这似乎很好解释，因为孩子长大了，变得强壮了。但也可以从另一个角度来看这个变化：父母本质上并不强壮，或者说父母成长的速度大大慢于孩子的成长速度。见过年轻的父母因为三四岁的孩子不吃饭或者打翻了花瓶而大发雷霆吗？见过父母和正处于青春期的孩子（十三四岁）打成"一锅粥"的激烈场面吗？想想看，当时父母的心智处于什么水平？

脑袋是封闭的，外人看不到里面的情形，但通过一个人的行为，我们可以推测他脑袋里面有什么。

第81天

2015 年 3 月 11 日　周三　晴 ☀

见了老公忘了孩儿

　　昨晚我睡得很不好。因为三个猫崽子叫得人心慌。我真希望能帮它们找到妈妈！夜里我听到女儿起来好几次去看小猫，像是在安慰它们，又像是想要说服它们。在睡不着的夜里，人的思绪总是混乱的，很多平时压抑的想法都会在脑海中浮现，让人分不清是恍惚的梦境还是内心真实的反应。我似乎更愿意接受后者。

　　我早上起来后没食欲。倒是女儿忙前忙后，给我准备了早餐，也为猫崽子准备了吃食。或许因为天亮了，它们就忘记想念妈妈了，或许因为经过一夜的挣扎，它们变坚强了。总之，此刻除了表达对食物的需求以外，它们安静了好多。

　　在上班路上我买了一盒咖啡，估计今天我只能仰仗它才能清醒度日。中午休息时，同事们又开始谈论孩子的问题。似乎孩子就没有消停的时候，总是在与家长对着干。我心不在焉地借用了徐老师的话："因为话语权掌握在我们手里，所以孩子一不听话，我们就说他们叛逆。反过来，若是孩子有话语权，他们跟朋友们闲聊时肯定会说，'你们不知道，我家那个妈妈啊，叛逆得要命，没得救了'。"一句话把几个同事逗得合不拢嘴。我也借机宣传了一下徐老师。不知道中国有多少像徐老师这样有魅力的人。幸运的是我能在最艰难的时候遇到他。我真是受益匪浅啊！

晚上老公打电话给我，说明天就回来了。女儿在一旁不时插嘴，我也没顾上。只听见女儿说了一句："见了老公忘了孩儿。"哈哈，我闻到了醋味，心里美滋滋的。似乎当我总是占上风的时候，我的心情更容易高涨。

徐少波回复

很感谢你这样宣传我。

文中有这样一句话："幸运的是我能在最艰难的时候遇到他。"这个"他"从上下文来看指的是我，背后的意思好像是说，在你最困难的时候，我帮助了你，并让你受益匪浅。对于你的这份感激之情，我心领了。但这个功劳我是万万不能贪，也不敢贪的。

心理咨询的原则是"助人自助"或者说"助自助之人"。作为一名心理咨询师，我所能起到的最大作用就是"从旁协助"，真正帮助你的人永远是你自己。改变的动机与勇气，改变过程中的坚持与忍耐，思维层面的领悟与行为层面的实践，等等，这些都是你的行为，都是心理咨询师所无法给予的。离开了求助者个人自我完善的动力和自我康复的能力，心理咨询师将一无所成。

"见了老公忘了孩儿"，这是一个母亲应有的表现，因为这说明她还知道自己是一个女人。怕的是，那些无论老公在与不在，都一心扑在孩子身上的妈妈。

李克富点评
家庭中的权力斗争

家庭中的权力斗争，大多始于父母开始训练幼儿大小便的时期，大概是幼儿一岁左右。由于纸尿裤的出现，这一斗争的起始点似乎正在推迟，但斗争不会消失。这一时期的典型表现是，你费尽力气抱着他，说好话、讲故事、吹口哨，可他就是不尿，等你受不了了或者以为他没有尿而将其放到床上的时候，却会听见哗哗的声音和他愉快的笑声——尿不尿他说了算。这就是权力的最初体现。

在三四岁的时候，孩子会出现所谓的"第一逆反期"——之所以这样命名，是因为话语权在父母的手里。孩子的典型表现是学会了说"不"，而且是你越让他干什么，他就偏不干什么；你让他用筷子，他就用勺子；你让他往东，他就往西；如果你敢揍他，他就拼命哭，但就是不认错，直到你要将他"扫地出门"或者关"小黑屋"为止。在这个时期，孩子要求行为、动作自主和行事自由，反抗的主要对象就是父母，反抗父母对他们的过度保护和越俎代庖。

再长大一点，孩子就到了"第二逆反期"。这更是一个令很多父母头疼的时期，孩子的逆反表现为对一切外在强加的力量、父母的控制有排斥的意识和行为倾向。孩子们在这一时期所要的是人格的独立，要求社会地位平等，要求精神和行为自主。

自己的事情自己说了算，一个人才能被称为人，这就是一个孩子从小就要争取自主权的根本动力。就像一个国家，只有在没有外部强权干涉内政的情况下才能算是一个独立自主的国家。个人没有了自主权，就是奴隶。国家没有了自主权，就是殖民地。

自主权是一个好东西，管别人的权力更是一个好东西，所以拥有权力的人就不愿意放手，比如父母不愿意放弃对孩子的控制权。于是，父母越是把着权力不松手，亲子之间的矛盾冲突就会越多、越大。

绝大多数的父母在和孩子多年的权力争斗中，基本会逐渐妥协。这倒不是因为父母的宽宏大量，而是因为随着孩子的成长，双方的力量对比发生了变化——孩儿大了不由娘。最怕的是这种例外：父母太强，导致孩子成为"常败将军"，最终孩子难以成为一个人。

第82天

2015 年 3 月 12 日　周四　晴 ☀
母亲的召唤

　　下午我跟领导请假，回家陪老公。名义上是陪他，其实是我自己想寻找一份依托，似乎老公回来了，我就有了主心骨。老公这次出差回来后，似乎特别累，整个人的状态都是蔫蔫的。我看着老公，有点心疼。

　　晚上我本打算为老公、女儿做一顿丰盛的晚餐。但婆婆来电话，让我们一家人去她家吃，说是一个关系很近的叔叔要带着孩子来她家里吃饭。老公虽然累，但依然应承下来。有时候我理解不了男人的想法。换作是我，肯定又开始抱怨一通。但也不能否认近期我的进步：抱怨少了，闭嘴的功夫提升了，懂得用正向的话表达自己的内心了。

　　这个叔叔的孩子看着只有五六岁的样子，但实际上只比我女儿小三岁。听说孩子患的是由脑炎引发的生长发育障碍。叔叔这次来，是希望我们能帮帮忙，不管是在金钱方面，还是在关系方面。叔叔想让我们帮忙联系权威的医生。即使叔叔只是打个电话，以老公的热心肠，他也会将这件事包揽下来，而后全力以赴。

　　我们近晚上十点才到家。三个猫崽子叫唤得厉害，女儿给它们喂了食，它们才心满意足地睡下。在这一点上，我的行动力比女儿的差远了，向女儿学习！

徐少波回复

一个落水的人，凭着本能，定会胡乱扑腾，想要抓住一根救命的水草。为什么会这样？就是因为没了依托，没了主心骨。但要问他扑腾的原因，定会得到这样的答案：因为落水了，扑腾是为了活下来。他会把问题归结到落水这件事上，而不会承认是自己的原因。

在现实生活中，类似的情况每天都在发生。比如那些没把孩子教育好的父母，会把责任统统推到孩子身上，推到孩子难教育上。殊不知，这恰恰是因为父母没有依托、没有主心骨。

老子有言："治大国，若烹小鲜。"就那么一条小鱼，如果被不停翻动，定会粉身碎骨。那养育孩子呢？孩子是一条小鱼，还是一块煮不烂的牛筋？

心不乱，就不会乱扑腾。

李克富点评
母亲的召唤

亲子关系是我们每个人来到这个世界后所建立的第一个人际关系，也是非常重要的人际关系。随着孩子的成长，这个关系会经过由实到虚、由近及远的演变。

初生的婴儿，最先认识的是妈妈的乳房。这时候婴儿会把乳房当妈妈。如果婴儿饿了，只要哭两声，这个乳房就迅速出现，那么婴儿就会和乳房建立起良好的关系。

孩子长大一点，就会认识到乳房只是妈妈身体的一部分，进而把原先和乳房建立起的关系扩展到妈妈本人。当被妈妈抱着的时候，孩子就会感到放松和温暖。

孩子再长大一些，将渐渐地把实体的妈妈内化到头脑之中。这时候就会有两个妈妈，一个是头脑中的妈妈，一个是现实世界中那个客观存在的实体。比如，青春期的孩子肚子饿了、手里没钱的时候就会回家找妈妈，而要逃学或者谈恋爱的时候，他可能就会想："要是让我妈知道这件事，我可就惨了。"此时的妈妈不在身边，可妈妈的教导连同妈妈这个人已经住进了孩子的脑海之中。

孩子再大一些，比如上大学了，在外地工作了，这时候想妈妈了怎么办？可能抱着自己的枕头就能体验到当年被妈妈抱着时的温暖，也可能坐在灯前一边喝着一杯热水，一边回想着妈妈的笑颜就能体验到曾经的温暖。

孩子再老一些，妈妈就离开人世了，但只要孩子愿意，妈妈随时都可以回来，回到孩子的心中并给予他温暖与感动。

孩子的成长就意味着妈妈的老去，但妈妈对孩子的影响并不因肉体的远离或者消逝而减退。那个住进孩子心中的妈妈的形象将伴随孩子的一生，无论天涯海角，也无论是好的形象还是坏的形象。

以上是由实到虚的演变过程，再来看看由近及远的演变过程。

在怀孕期间，母子一体。从孩子降生之后到大约一岁之前，母子虽说实现了身体上的分离，但实质上融合度还是非常高的，因为这个时期的婴儿离开母亲将很难生存。

到两三岁的时候，婴儿的"自我意识"建立，基本完成了"生理自我"与"母子共生"的分离。这时候的孩子已经认识到自己作为一个独立个体的存在，并能熟练地运用人称代词"你、我、他"来称呼自己和他人。

孩子三岁之后，尤其是"第一逆反期"出现后，孩子的自我意识迅速增强，慢慢就会和妈妈拉开距离并成长为一个相对独立的个体。这一过程将从幼儿园、小学一直持续到青春期。在这个阶段，"社会自我"处于自我的中心，孩子将逐步地了解社会对自己的期待，并根据期待调整自己的行为。

"心理自我"的形成需要十年左右的时间，大约从青春期到成年早期。但也有一部分人的"心理自我"由于父母的过多干涉终生都不会形成。"心理自我"的形成意味着一个真正独立个体的形成。发展到此阶段后，个体能知觉并调节自己的心理活动和状态，并根据社会需要和自身发展的要求调控自己的心理和行为。

自我意识的发展就是个体逐渐确定自我边界的过程，个体将逐渐脱离对他人的依赖，表现出主动和独立的特点，强调自我价值与自我理想，特别重要的是，发展自尊和自信。

当男人同时面对母亲、妻子、女儿的召唤，你希望他如何排序？

第83天

2015 年 3 月 13 日　周五　晴 ☼
女儿到底需要什么?

　　上午在上班的路上，我顺便取了火车票。后天就要送女儿去北京了，心里开始有些异样的感受，说不出是不舍还是舍，也说不出是开心还是难过。总之，我现在的感受，和平常的感觉不一样。

　　我今天照常上班。老公处理完工作，和女儿一起准备行李。这是女儿要求的，因为她知道我有唠叨的毛病，如果我在，肯定会对她的劳动成果指手画脚。我欣然接受。我虽然失去了唠叨、表现自己有条理的机会，但乐得清闲。

　　下班路上，我给女儿买了一盒她最爱的糖果，用简单的礼物来承载我对她全部的祝福。相信全天下的母亲都会觉得为孩子付出再多也不够。母亲即使付出生命，也依然觉得还可以为孩子再做点什么。只是，女儿到底需要什么？昨天李克富老师在微信里写道，识别并警惕那些生活在"天堂"中的孩子。对此我很有感触。我们亲手营造的"天堂"却束缚了这些"天使"，使他们的天性退化，悲哀的是我们始终以爱为名。

　　我回到家，看到女儿已将一切都收拾妥当。女儿的脸上似乎写满了憧憬。老公的欣喜里夹带着浓浓的不舍。不知道鸟妈妈把鸟娃娃推出窝巢的那一刻会有什么感受。

晚饭后，女儿回房。我和老公在书房各忙各的，但低气压一点一点地在书房里凝结。等待雨过天晴！

徐少波回复

爱因斯坦说："一个好的问题比答案更重要。"女儿到底需要什么？这就是一个好问题。这是一个很独特的角度，它已经跳出了"以自我为中心"的"坑"。

比如，你想吃一个苹果，但你的伴侣不停地让你吃香蕉，还不停地说着吃香蕉的好处以及吃苹果的坏处，你会喜欢他吗？即使你嘴上不说，心中也一定会骂他是一个傻子。

在养育孩子的过程中，很多父母为孩子操碎了心，付出了自己的全部，换来的却是孩子的不领情，甚至是敌对与反抗。问题出在哪里？一些父母在不明确孩子需要的前提下，把自己的意愿强加给孩子。

有一种书，叫妈妈觉得你应该读；有一种冷，叫妈妈觉得你冷；有一种需要，叫妈妈觉得你需要；有一种情，叫妈妈觉得你应该涌泉相报。

孩子到底需要什么？这是一个值得所有家长认真考虑的问题。

李克富点评

付出与索取

"相信全天下的母亲都会觉得为孩子付出再多也不够。母亲即使付出生命，也依然觉得还可以为孩子再做点什么。"你相信这句话吗？

可以信，可以说，但不能这么做。其实，也没人能做到。不用说"付出生命"，能做到多花点时间陪陪孩子吗？能做到为了孩子的成长多读点书，闭上嘴少唠叨几句吗？死是一瞬间的事情，比死更难的事情是活着的每分每秒。

亲子关系是人际关系的一种。要建立和维护良好的亲子关系，就必须符合人际交往的基本原则，比如交换性原则：个体期待人际交往对自己是有价值的，在交往过程中"得"大于"失"或"得"等于"失"，至少是"得"别太少于"失"。说白了，谁都不是傻子，没人愿意做赔本的买卖，父母是这样，孩子也是这样。

有人可能会说："照顾幼小的孩子哪有'得'啊。再说了，养育孩子是母亲的天性，我们可不像你说的那样功利。"

先从大的方面来说。比如，从进化的角度来说，母亲养育孩子得到的首先就是自己基因的延续。从伦理的角度来说，母亲通过养育孩子获得了社会的认可。你想过生完孩子却不养孩子（不付出）会得到什么吗？

再从小的方面来说，当孩子朝你笑的时候，当孩子含混不清地叫你"妈妈"的时候，蹒跚着、挥舞着稚嫩的小手让你抱抱的时候，你快乐吗？工作累了的时候，和老公吵架的时候，看到孩子之后是不是又充满了力量，燃起了希望？

在孩子小的时候，他们需要的，或者说从父母身上索取的首先是食物，紧随其后的是爱的陪伴、微笑的眼神和轻松快乐的家庭氛围。但随着年龄的增长，孩子的需要会慢慢发生变化，比如行为自主和行事自由，比如人格的独立、平等的社会地位。如果父母的付出不能随着孩子的需要及时进行调整，就会出现一种奇怪的现象：父母认为自己为孩子付出了全部，但孩子不仅不领情，亲子之间的关系还逐渐恶化。

从普遍的层面来说，如果A为B付出了十分，B反过头来也会付出十分给 A，这样 A 与 B 之间就能形成一种稳定的，可持续发展的关系。但在这中间存在的一个问题是：A 付出的十分，B 能感受到多少？是十分，还是三分？甚至是负数？我们可以用"转化率"这个名词来表示这种关系：想要建立和维护一种人际关系，付出是前提、是基础，但人际关系的质量在很大程度上取决于付出的转化率。

可以肯定的是，脱离对方需要的付出转化率极低，甚至可能会起到相反的作用，最终也很容易导致关系的破裂。

那么，既然不了解对方的需要，为什么还要付出呢？或者说，建立在不了解对方需要基础上的付出还是付出吗？答案似乎也是肯定的。前面说了，只要付出必然有理由，那就是这种付出满足了自己的需要，比如宣泄压力、缓解焦虑等等。

为了孩子的付出，值得肯定和表扬。为了自己的付出，也同样值得肯定和表扬。但对于那些打着爱孩子的旗号，实际上是为了自己的付出，我们就需要考虑考虑了。

第84天

女儿真的要离巢独自飞了

　　今天，一家人依旧被离别的低气压笼罩。老公沉浸其中，以至于动弹不得，没了往日为女儿赴汤蹈火的气概，蔫蔫地坐在沙发上，任由我和女儿出出进进。我知道对于一个重情义的男人来说，亲情大于一切。

　　女儿肯定意识到了这些问题，只是，她更像是这一切的领导者，不断尝试让家里的低气压回升。我也在心里打着自己的算盘。虽然我不再像以前一样那么爱吃女儿的醋，但醋意依然会存在心底。所以对于女儿的离开，我最先感到的是放松与开心。只是，我分不清是为女儿的前程感到开心，还是因自己的醋意能够暂时缓解而感到放松与开心。不管怎么说，女儿是真的要离巢独自飞了。

　　晚上一家人在酒店宴请了一些亲朋，还有女儿的几位恩师。老公虽应对自如，但脸上挂满了别离的愁。想必女儿出嫁，老公会失落到病倒。换个思路想，老公之所以这么依恋女儿，肯定是因为我这个为人妻的做得不合格。我强势了那么多年，想让自己变得纤弱，会撒娇，我着实无法做到。我连一句温柔的问候似乎都难以启齿。

　　明天上午女儿就要出发了。老公躺在床上发呆，女儿则兴奋地

"煲电话粥"。唯有我，按部就班地记录这一切。看了看数字标记，我已经写了84篇，三个月的记录临近尾声。而此刻我的现实心情与面对日记的心情刚好同步。我不知道自己的放松与快乐是源于写三个月日记的任务即将结束，还是源于我真的"变心"了。

徐少波回复

任何人，无论是中国人还是外国人，是男人还是女人，是老人还是孩子，如果对一个人、一件事、一个物件没有情感，就永远不会全身心地努力与付出，也不会有离别时的失落。仅仅是每个人的表达方式不同而已。

"此刻我的现实心情与面对日记的心情刚好同步。我不知道自己的放松与快乐是源于写三个月日记的任务即将结束，还是源于我真的'变心'了。"原因已经不重要，重要的是体验到了这份实实在在的情感。

李克富点评

从"归因"看"变心"

"晚上一家人在酒店宴请了一些亲朋，还有女儿的几位恩师。老公虽应对自如，但脸上挂满了别离的愁。想必女儿出嫁，老公会失落到病倒。换个思路想，老公之所以这么依恋女儿，肯定是因为我这个为人妻的做得不合格。我强势了那么多年，想让我变得纤弱，会撒娇，我着实无法做到。我连一句温柔的问候似乎都难以启齿。"

之前的文章已多次提到"归因"这个概念，今天让我们借日记中的这段话再来分析一下一个人"归因"的方式是如何体现其内心变化的。

个体在归因的过程中，对有自我卷入的事情的解释，往往带有明显的自我价值保护倾向，即归因向有利于自我价值确立的方向倾斜。

所谓"自我卷入"就是你身处事件之中，无论是"主犯"还是"从犯"，比如婚姻关系中的一方，亲子关系中的一方。"自我价值保护倾向"指的是，当事情有好的结果时往往把功劳记在自己的头上；当事情的结果不尽如人意的时候，则把原因或责任从自己身上推掉。比如，两口子吵架一般会互相指责，孩子出现问题不是夫妻之间相互推诿就是共同指责孩子。一句话，我们不会轻易地承认自己错了。自己否认自己，就是降低或否认了自我价值，人会因此而痛苦。

日记中的妈妈在对"老公之所以这么依恋女儿"这件事进行归因的时候，却违背了这个原则，主动从自身找原因，"肯定是因为我这个为人妻的做得不合格"，并进一步指出了自己不合格之所在。这种转变可能不是"质的飞跃"，但绝对是一个人从幼稚走向成熟的标志，或者说是必经之路。

日记中的妈妈在咨询之初可能模糊地意识到，造成女儿问题的部分责任在自己的身上。而随着日记数量的增多，相信每位读者都看到了妈妈的变化。

在许多情境中，行为与事件的发生并非由"内因"（个体内部的原因）或"外因"（环境的、他人的原因）单方面的因素引起，所以任何单方面的归因都是不明智、不成熟的，对于问题的解决也没有什么好处。

忍住痛苦，客观地认识自己的错误，是解决问题的第一步。

第 85 天

2015 年 3 月 15 日　周日　晴 ☀
家人的眼泪是因为幸福

　　这次一家人搭动车去北京。老公的心情依然阴晴不定，他提前找朋友安排了住处，同时婉言回绝了朋友聚餐的建议，推辞说早有安排。我能洞悉老公的心思，只是没有办法温柔地安慰他，只能默默地坐在一边陪伴他。

　　下午四点，我们安排好了女儿在北京所需的一切。女儿依旧充满了期待与兴奋。老公则是持续地低落。唯有我的情绪出现了波动起伏，由之前的开心变成隐隐的委屈，不知是因为老公的偏心，还是因为即将到来的离别。总之，我的"神经质"似乎开始死灰复燃，也许它根本就不曾"死"过，只是暂时深深地沉睡。

　　晚上叫了外卖，一家三口在酒店的房间里席地而坐，开始了杯觥交错，推心置腹。我不合时宜地哭了起来。这种情绪会传染，女儿哭得梨花带雨，老公也是两行清泪相陪。感性似乎比理性更能让人的心贴着心，尤其是家人的心。哭并不总是代表着负面的情绪。谁能说此刻的我是因难过而哭呢？

徐少波回复

又是什么样的机缘，促成了今晚的场面：一家三口席地而坐，杯觥交错，推心置腹，以致流下幸福的眼泪。相信，这幅情景会印刻在每一个人的心中，历久弥新。

我曾问过很多家长："你们在孩子面前除了强势，有没有展现过自己无能为力的一面，比如哭？"答案都是没有。想想我们的父母，再想想我们：当面对一个无所不能的人时，我们是否会对其产生那种深深的情感连接？

我相信，父母的眼泪，会成为孩子心中那道永不可逾越的底线。

李克富点评
人生的赢家

著名的"格兰特研究"内容是什么样的人最可能成为人生赢家。这项研究已经持续了几十年，花费超过2000万美元。主持这项研究的心理学者乔治·瓦利恩特说："温暖亲密的关系是美好生活的最重要开场。"

评判人生赢家的标准十分苛刻，人生赢家必须"十项全能"：十项标准里有两条跟收入有关，四条和身心健康有关，四条和亲密关系、社会支持有关。譬如说，人生赢家必须80岁后仍身体健康、心智清明（没活到80岁的自然不算赢家）；收入水平居于社会的前25%。

从1939年到1944年，这项研究选择了268名当年正在哈佛就读的本科生作为研究对象。这批人当时已经站在美国年青一代的巅峰，他们有着光明的未来，能够成功与长寿的概率很大。这正是格兰特研究需要的：研究对象要活得够长，否则就不算"笑到最后"；要足够

成功，否则怎能算"笑得最好"？

这批人可谓史上被研究得最透彻的一群小白鼠，他们经历了二战、经济萧条、经济复苏、金融海啸，他们结婚、离婚、升职、当选、失败、东山再起、一蹶不振，有人顺利退休安度晚年，有人早早夭亡。

最终，这268人里确实涌现了不少成功人士，迄今有4位美国参议员，1位州长，还有1位美国总统——约翰·肯尼迪。不过，肯尼迪的研究档案早就被政府单独拿走，预计到2040年才有可能解密。

从其余267份人生档案里，我们又能得出怎样的结论呢？首先，以下因素不太影响"人生成功"：最早猜测的"男子气概"没有什么作用，智商超过110后就不再影响收入水平，家庭的经济社会地位高低也对成功影响不大，性格外向、内向无所谓，也不是非得有特别高超的社交能力，家族里有酗酒史和抑郁史也不是问题。

真正能影响"十项全能"，帮你迈向繁盛人生的，是如下因素：自己不酗酒，不吸烟，锻炼充足，保持健康的体重，童年时被爱，共情能力高，青年时能建立亲密关系。

如下数据可能会让你大吃一惊：与母亲关系亲密者，一年平均多赚8.7万美元。跟兄弟姐妹相亲相爱者，一年平均多赚5.1万美元。在"亲密关系"这项上得分最高的58个人，平均年薪是24.3万美元。得分最低的31人，平均年薪则没有超过10.2万美元。只要你能在30岁前找到"真爱"，无论是真的爱情、友情，还是亲情，都能大大增加你"人生繁盛"的概率。

乍一看，感觉这项研究用几十年熬了一碗浓浓的鸡汤。人生成功的关键是"爱"。这答案看上去太过普通，以至于让人难以置信。但瓦利恩特说，爱、温暖和亲密关系，会直接影响一个人的"应对机制"。他认为，每个人都会不断遇到意外和挫折，不同的是每个人采取的应对手段："近乎疯狂类"是最差的，如猜疑、恐惧；稍好一点的是"不够成熟类"，如消极、易怒；"神经质类"，如压抑、情感抽离；最好的是"成熟健康类"，如无私、幽默。

一个活在爱里的人，在面对挫折时，可能会选择拿自己开个玩笑，和朋友一起通过运动流汗来宣泄，接受家人的抚慰和鼓励……这些"应对方式"能帮一个人迅速进入健康、振奋的良性循环。反之，一个"缺爱"的人，遇到挫折时则往往得不到援手，需要独自疗伤，而酗酒、吸烟等常见的自我疗伤方式则是人较早死亡的主要诱因。

感性相对于理性，不仅更能让人的心贴着心，而且会让一个人成为最终的人生赢家。

第 86 天

2015 年 3 月 16 日　周一　晴 ☀
为了与女儿一起更好地生活在世上

　　上午我和老公带女儿到老师那里报道，"古怪男"老师一如既往，收了女儿这个学生，立马轰我们离开。老公顺从地径直离开，我颇有些不满，但还是跟着老公离开。也许这样的方式，对我们三个人都好。

　　原本想在北京待几天陪陪女儿，看这情况，老公直接带我启程回家。我给女儿发信息，啰唆了很多。只是这次，女儿的回复中充满了爱："爸妈，我偷偷从窗户看着你们离开呢。晚上回到家，早早休息吧。我不在家，早点锁门哦。我会经常发微信报告我的情况，爱你们！"我带着泪笑出声。女儿刚上幼儿园的时候，我们也曾趴在窗外看她在幼儿园里的情况。而现在……我们老去，昭华不在，好在接班的花蕾正含苞待放。

　　晚上到家已是七点多，老公说他做饭。我安心坐等，确切地说是享受。虽然没心情，老公还是做了两份意大利面，然后跟我说，让我把健身卡找出来，他要从明天开始健身。我没去讥笑老公的一时兴起，也没有感同身受。我更多想到的是，为了与女儿一起更好地生活在世上，我们该做点什么了。

　　老公这会儿鼾声已起。看来老公是真的累了。我看着老公的脸，那张曾经让我喜怒哀乐的脸，此刻干净、放松，略带一丝忧郁。我相信忧郁的细丝很快会被抽离，一切都来得刚刚好！

徐少波回复

　　孩子小的时候，多好啊！那时候的孩子很乖，离不开我们。当孩子不得不暂时离开我们时，比如上幼儿园，我们还有着十分的不舍与牵挂，忍不住趴在窗外看他。

　　也许我们已经习惯了这种被依赖的感觉，也许我们打心底里不想让孩子长大。反正我们在孩子成长的过程中，还是自觉或不自觉地沿用着以前的相处方式：处处关心，处处照顾，时时提醒，时时督促。我们却发现孩子越来越不听话了，不按我们的思路出牌了，孩子叛逆了。于是，我们伤心，我们难过。岂不知，孩子的心也在受伤，也在挣扎。

　　有一天，我们出于无奈，放下了对孩子的控制，心很疼，却发现孩子长大了，换成了孩子正从窗口看着我们渐渐远离的背影。

　　我们终将老去，昭华不在，接班的花蕾如果还不能含苞待放，那他如何去独自面对今后生活中的风雨、阳光？！

李克富点评

做点什么？

　　面对孩子的成长与离开，父母往往心情沉重，有点像丢了珍爱的宝贝。孩子张开双臂拥抱未知的生活，往往充满兴奋和憧憬，就像看到了广阔世界中蕴藏的宝藏。两代人，两种不同的心情，却表达了同样一个意思：孩子长大了。为了与孩子一起更好地生活在世上，我们该做点什么呢？

"导演"是不能再当了。随着社会的高速发展，孩子的世界一定会比父母的世界更广阔。在小湖里获得的经验肯定是不适用于大海的。就算孩子的舞台和父母的相似，那也不代表同样的舞台必须上演相同的剧目。孩子必须拥有自主选择的能力，并为自己的选择承担相应的责任。

父母不做"导演"了，又该做什么呢？做"观众"吗？这似乎也不太合适，因为长大的孩子也会遇到挫折，碰到这样或那样的沟沟坎坎，也会有受伤的时候，父母不能光坐在那里看。

此时的父母，似乎有两种活可以干。

一是"高级顾问"。"顾问"的意思是，虽然事事都为已经离家的孩子做决定已经不现实了，但在孩子人生的重要节点，比如在选择专业、从事什么样的工作、恋爱结婚等事情上，父母还是应该给出自己的意见。父母有责任把自己对这些事情的理解告诉孩子，但不强制性地要求孩子"照章办事"。"高级"的意思是，父母无论在经验上，还是在对整个世界的认识上，要力争超过刚刚离家的孩子。只有这样才能称之为"高"。只是，这种"高"不是天生的，父母需要付出相当多的努力才能达到。

二是把孩子心目中的"家"经营好，以便孩子在累了或伤了的时候回来歇一会儿。这一点至关重要，而且父母可以做到，因为这里说的"好"与家的华丽程度、面积、所在城市都没有关系，只与情感相连。举个例子吧。小敏28岁，白领，收入可观，家境也好，但最近因工作和情感问题导致心情烦躁，更令其难以忍受的是，她无人可说、无处可去，更不愿意回家。和朋友说，等着小敏的不是抱怨就是一通道理。如果小敏回家，面对均是高级知识分子的父母则更惨，他们除了理性地分析，还是理性地分析，要么就是摆事实讲道理："你看你现在什么都有了，怎么还这样郁郁寡欢呢？要振作起来！"小敏觉得，没人能体谅她心中的苦，她只能憋着。

一个显而易见的事实是，作为一个已经成年的孩子，他懂的道理一般不会比父母少。当一个人累了或者受伤的时候，他不是不想按道理行事，而是他做不到了。他回家的目的就是歇一下，养好伤，以便再次踏上征程。他需要的家有点像"自然保护区"，有可以维持生存的食物，有疗伤所需的基本药物，更重要的是有一个隔离了危险的活动空间，可以慢慢游荡。

你觉得你的孩子愿意回家吗？

第 87 天

2015 年 3 月 17 日　周二　阴 ☁

当生活归于平静

今天我开车上班。在路上，我打开手机里下载的有声小说，听别人的故事，了解别人的人生。似乎生活就是如此，家长里短，各不相同。

工作一切如旧，青岛的气温开始回暖。不知是因为人多还是其他缘故，办公室里的窗户虽然半开着，但室内依然闷热。我坐下没多久，额头就有些许汗。看看大家，各做各的事，穿的衣服比我少许多，也比我淡定许多。

中午老公打电话邀我出去吃饭，说想吃女儿爱吃的街边小吃。到了现在这个年龄，我们尝遍了很多口味，似乎对吃的追求就集中在卫生、养生层面，没了年轻时那份胃口大开的美好体验。和老公沿着路边走走停停，品尝着一些多年不碰的"垃圾食品"，味道还是不错的。在女儿小的时候，我们明令禁止她吃这些，总是给她足够的钱让她到卫生条件好的餐饮连锁店吃，可每每都能发现她私下在路边摊吃。父母总以自己的养生饮食观为标准要求孩子，却忽略了孩子的跟风心理及自身的免疫力。

回来的路上，老公提起领养孩子的问题，我有点打退堂鼓，毕竟

年龄和精力会影响我们对孩子的照顾及教育。再说，不是自己身上掉下来的肉，真担心自己没有足够的耐心照顾他。万一他在青春期也如此叛逆，我怕自己会在第一时间选择放弃责任。看来我的内心还是有很多的阴暗面，三个月的时间还不足以让内心完全明亮通透。真想建议徐老师把这个时间段再拉长，也许半年会更好吧。

晚饭后，我和老公大眼瞪小眼地待着，不时瞟一下手机，等待女儿的来电。只是，电话始终没有响起。老公洗漱完毕，躺在床上看新闻。我则坐在桌前，记录这一切。时间似乎真能带走一切糟粕，留下平淡与安宁。也许，我真的变了，变得更讨自己和别人的欢心！心里漾出一层温暖的波浪。享受！

徐少波回复

男人，女人，聚在一起组成了家庭。随着孩子的出生，我们便会把更多的精力放在孩子身上，有苦，有乐，有开心的时候，也不缺闹心的时刻。这时候，我们就会想：孩子什么时候能长大啊？孩子长大了，就好了！

慢慢地，孩子还真长大了，只剩下大眼瞪小眼的夫妻俩，安静了，消停了，却不习惯了，有些不舍了。

记得一位妈妈是这样说的："她在我肚子里的时候，我的孕吐反应很严重，真想尽快把她生出来。后来我觉得，还是把她放在我肚子里比较好。她在家转转悠悠，不停提问题，黏着我的时候，我简直要烦死了。可现在，她才离开两天，我就觉得自己真的要疯掉了。"

享受吧！

李克富点评

生活需要刺激

工作一如既往，还在工作的你有没有感到一丝无聊呢？下班之后的家庭生活如果一直在家长里短中重复，长此以往，这还会是一种享受吗？"时间似乎真能带走一切糟粕，留下平淡与安宁。"风雨之后的宁静是美好的。但这种平淡与安宁如果在生活的长河里持续蔓延，会不会变得狰狞呢？

动物学家研究发现，领地动物（狮子、老虎等）会周期性地在领地边缘巡视，并用尿液重新标示领地的边界。这样做的好处是显而易见的，那就是赶走竞争对手，维护自己的生存范围。因为领地意味着食物。但研究人员后来发现，"领地"会给动物提供两种截然不同的感受：领地的中心巢穴所提供的是安全与舒适，因为这里没有竞争对手带来的压力；领地的边缘所提供的是激情与刺激，因为要捍卫领地就无法避免来自竞争对手的挑战。动物不可能长时间在领地的边缘巡视，这样太耗费精力。动物也不可能一直待在巢穴，不仅因为领地的丧失意味着生命的终结，还因为长期的休息会导致自身萎靡不振。这种生存方式经过数万年的进化，导致动物产生了一种心理上的依赖，必须周期性地获得刺激。

我们人类的现状与此非常相似，因为我们老祖宗的生存环境与动物的生存环境没有什么本质上的区别。打猎是刺激的，睡觉是舒适的。经过数万年的演化，我们人类也必须周期性地获得某种生理上的刺激，这种刺激能保证身体的兴奋度。这有点像心电图，必须是上下波动的。如果在我们生存的环境中，缺少现实的刺激，那我们将为了获得刺激而人为地去寻找。

不知道大家在生活中是否遇到过这种情况：有的人会发所谓的

"无名火"，周围的人费尽心机也找不到他发火的理由，最后只好称之为"没事找事"。

风雨过后的平静是美好的，但只要时间一长，生活本身就会缺少适当的刺激，而乏味的生活是任何人都难以忍受的。过去我们会认为这是纯粹的心理现象，但现代的脑科学研究已经证明，这种需求是有生理基础的，而且带有很明显的强制性——得不到满足就难受。那我们应该如何来满足身体的这种需求呢？

我们必须寻找到良性的，可持续的方式刺激自己，比如事业上的追求，比如各种兴趣爱好。如果找不到这些，一些人就会用其他的方式，比如吸毒，比如酗酒，比如吵架，甚至在管孩子这件事上下巨大的功夫。相信大家在管孩子的过程中都体验过那种持续的、反复出现的刺激。

第 88 天

2015 年 3 月 18 日　周三　晴 ☀

孩子无声的反抗在这里

　　早上一醒来，我就看到老公在玩手机，原来是在跟女儿聊微信，他的幸福之情溢于言表。女儿离开家后，老公的失落感更强。想起刚结婚那会儿，老公出差办事，晚上我一个人的寂寞似乎跟他现在的寂寞不相上下。只要老公来个短信，就足够让我兴奋半天；若老公没有音讯，我的心就无法平静。

　　上班时没发生什么可被记录的事。网购的生活用品今天都送到了办公室。我打算在晚上用这些东西把女儿的房间打扫一下。老公晚上有应酬，就我一人在家收拾。女儿的书橱里躺着两类书，一类是我们买的，一类是她自己买的。回想我小时候，从未这么分类自己的书，女儿算是让我长了见识。这种分类方法大概也源于在购书方面，我们总不能投其所好。看到女儿的许愿瓶里躺着很多小纸团，我有些好奇，捞出一个，看到上面写道："暑假被老妈破坏殆尽，假如未来我也有一个女儿，一定不让她的假期枯燥乏味。我现在只期盼老妈放我一马，让我出去玩几天！2012 年 8 月 24 日。"这已经是几年前的事了，那时候我很在意女儿的成绩，所以她的假期都被各种辅导班填满，可女儿那时候几乎不反抗。原来无声的反抗在这里。

一直以来，我都觉得自己不适合做一个家庭主妇，因为我的思绪很容易飘走，很难专心有序地做家务。就像我的书橱，我收拾了很多次，依然没收拾完，收拾女儿的房间亦是如此。值得庆幸的是，这一切反映出我的思维还是活跃的，生活还是幸福安宁的。

老公发短信告诉我今晚不回家。我没有猜疑，也没有追问。像李老师说的，很多时候，人在被骗时是开心的，只有意识到被骗时才伤心难过。在这段时间里，我似乎慢慢从人生的三楼爬上了六楼，所见所感皆与往日不同。

徐少波回复

我们这些所谓的正常人，都会不自觉地用积极的认知方式来看待这个世界。对于这种现象，认知心理学给出的专业名词是"积极认知偏差"。也就是说，我们喜欢高估自己，喜欢看到世界美好的一面，比如看开屏的孔雀，却不会去关注孔雀的背面。这也是"被骗"，是自己无意识地、欢喜地"骗"自己。这也许还是你所说的"三楼"的水平。到了"六楼"，这种认知方式就到了意识的层面，知道自己该看什么、不看什么了，也就是所谓的"难得糊涂"。

李克富点评
生存先于发展

工作的性质决定了我每天见到的孩子都出现了或轻或重的心理问题，而这些孩子的问题或多或少都和学习有关，有厌学的，也有因学习压力过大而出现情绪障碍的。

在讲课过程中，我也见到很多被孩子折磨得焦头烂额的父母，他们或因孩子不听话而苦恼，或因紧张的亲子关系而苦恼，但基本会有一个共识：只要不和孩子谈学习，孩子就一切都好。

在现实生活中，还有另外一个事实：大部分的初中生和高中生都可以顺利完成学业，尽管在成绩上可能有所差别。比如日记中的女儿，在妈妈的严格要求下，她初三之前的成绩一直是优秀的。

让我们简单描述一下普通初中生的学习生活：6点起床，7点到校，晚上6点回家，写作业写到9点，10点睡觉。周末有一些休息和娱乐的时间，但不会太多。假期不仅有作业，还要参加各种学习班，比如预先学习下学期的课程。高中三年的学习生活只会比这更苦，因为高考就在眼前。

面对年复一年，单调乏味，伴随着巨大压力的学习生活，绝大部分孩子竟然可以顺利地度过，这曾经让我迷惑：是什么在支撑着孩子？答案是：适应。皮亚杰说人类智慧的本质就是适应。只不过，这种适应不是为了更好，而是避免更坏。

有人可能会反驳：不对吧，很多孩子是有理想、有抱负的，他们是自愿学习的，学习只是他们达到目标的一个手段而已。我不否认有这样的孩子，但这样的孩子有多少呢？20%的比例够高了吧，那剩下80%的孩子呢？陪练而已，而且要自己买单。

对于一些孩子来说，勤学苦练带来的不一定是能力的提升，更有可能是考试能力的提升。

那么父母为什么要让自己的孩子继续前进呢？有很多原因，在这里我就不说了。

第89天

2015年3月19日　周四　晴 ☀

春天来了

　　今天的天气似乎有了初夏的感觉，天气温热了许多。我仔细看了看小区的花草树木，尤其是那一片小树，已经冒出了嫩绿的芽。路边的杨树上已经飘落了好些"毛毛虫"。春天不知道是刚来，还是已经接近尾声。这样的天气适合徒步上班，感受一下春风拂面、春草芳香。

　　我在职工食堂简单吃了点午饭，而后一个人在单位大院的花园里走走停停。看似无动于衷的嫩芽，其实早铆足了劲儿，从冬天的安逸中解放出来。可惜我的肉眼看不到它们成长的每一个瞬间。一些纪录片可以让人直观地看到花朵是如何从含苞待放到绽开的。依靠科学技术，很多闻所未闻、见所未见的事都可以呈现在我们的眼前。

　　女儿发来信息说，今天北京的天气不错，老师安排大家带着乐谱到园林中小聚，但不准带乐器。真是很奇怪的规定。女儿离开家的这两天，不知道老公是怎么想的，但我的心情似乎越发平静，再过些时日，都可以用波澜不惊来形容了。

　　下午上班时我一直犯困，趴在桌上休息又让我难受得要命，只能不断地点头"啄米"，浑浑噩噩到下班。回家的激情似乎退却了很多。

晚上，我约好友吃饭、逛商场。女人集中在一起，准确地说是这些半老徐娘在一起，多半是相互抱怨。听着好友对生活的牢骚，我开始反思：到底牢骚是人创造的，还是自生自灭的？人总是能轻易发现别人的问题，却很少留意自己的缺失，这很容易让人愁思郁结。好在我学了这么多的心理常识。跟好友分享我的收获，建议她也考虑参与这个项目。哈哈，我成了徐老师的推广专员了！

晚上回家，看到老公独自在家吃饭。他似乎依然情绪低落。相信老公会慢慢好起来的。这种亲情的剥离确实带着不见血的痛。不过，有我的陪伴，相信老公会见到乌云背后的晴空！

徐少波回复

"看似无动于衷的嫩芽，其实早铆足了劲儿，从冬天的安逸中解放出来。可惜我的肉眼看不到它们成长的每一个瞬间。"

每当我看到这些嫩芽的时候也会想，其实它们一直在准备着，在积蓄着营养与力量，只等着合适的气温与阳光，进而绽放，进而灿烂。出于我的职业，我会很自然地联想到孩子，想到人本主义心理学对于人性的定义：每个人都有积极的人生趋向，因此人可以不断地成长与发展，自我实现。人的这些好的特性是与生俱来的，而人的不好的特性，如欺骗、憎恨、残忍等，都是人对其成长的不利环境进行防御的结果。也就是说，父母所能做和所要做的仅仅是给孩子的成长提供合适的环境，而不是过多的帮助与横加干涉。虽说，我们看不到"每一个瞬间"，但我们必须相信，嫩芽具备这种能力，孩子也具备这种能力。

回想一下，在孩子小的时候，比如一岁之内，我们对孩子充满了信心。我们百分百相信，孩子能学会叫爸爸、妈妈，能学会爬，学会走，百分百相信孩子会长大！可为什么随着时间的推移，我们就不那么信任孩子了？

李克富点评
脑袋的回归

"人总是能轻易发现别人的问题，却很少留意自己的缺失。"这是事实。那么，是怎样的心理动因造就了这样的事实呢？

首先是"自我价值保护"，就是每个人都倾向于自我肯定，而不是自我否定。无论是一个想法，还是一句话、一个行为，我们都希望自己是对的。而当我们发现别人问题的时候，其实就是在变相地肯定自己：我之所以能看到他的问题，是因为我比他水平高；我是对的，他是错的。这种贬低别人，抬高自己的方法不仅经济，而且随时随地可用。

其次，当我们既是观察的"主体"，又是观察的"客体"，即自己观察自己时，无论对谁来说，这种情况的难度都会变得很大，因为我们的眼睛是单向的，只能对外。

最后，"吾日三省吾身"，这是圣人的做法，我们普通人做不到，也没必要做到。人不会做无用功。只要外界没有超过我们承受能力的不良反馈，留意自己的缺失就会显得多余。

那为什么劫难有可能导致脑袋的回归呢？就像日记中的妈妈一样，开始了反思，开始了自我的救赎。是因为劫难这种反馈太强烈。无论是对生理层面还是对心理层面来说，劫难所造成的冲击都很大。这有点像在马路上正常行驶的汽车，你朝它扔个苹果或者一块石头，不足以让其改变前进的方向，因为冲击力不够。想要改变汽车行驶的方向，只能施加足够大的力量，比如用坦克去撞。

　　但是，劫难并不能百分百保证脑袋的回归，就像把一个人一脚踢下水并不能保证其学会游泳一样。遭受劫难的结果大概有这么几种。一种人是在水里挣扎过后沉没了。这部分人最终也不会反思，不会认为自己要承担责任，甚至还会变本加厉地指责他人，埋怨社会。第二种人是在水里挣扎过后，在还没有精疲力竭之前水就自然退却了，劫难过去了，这部分人可以站起来了，但脑袋里还是原来那根筋。第三种人在水里挣扎后学会了游泳，或者被他人给救上了岸，并开始反思自己的所作所为。一个知道责任为何物的人，成为第三种人的可能性较大。

第90天

2015 年 3 月 20 日　周五　晴 ☀

结束，意味着新的开始

　　不舍得提笔，因为写下"90"这个数字，代表着三个月的学习将告一段落。我虽然可以继续坚持写日记，但没了徐老师的关注与回复，总觉得少了点什么。三个月的时间让我把写东西当成了一种习惯。我更加坚信徐老师所说的"只要你能坚持，你就一定会改变"。我也开始慢慢理解徐老师所说的，人是在发展变化的，变好是发展，变坏也是发展，坏到极致一定会往好的方向发展。这也让我想起在《平凡的世界》中，男主角的父亲所说的，人过于红火，之后一定会跟着倒霉的事。物极必反吧。

　　在最后一天的公开记录中，我依然说一下今天发生的事情：上班时没有发生什么特别的事。最大的变化是，今天上班我没打开电脑，也没刷微信，而是读了一本心理学的科普书。对于一些不理解的专业词汇我都一一记下来了，打算有机会再向徐老师请教。如果有机会，我也希望自己能专心跟随徐老师学习，相信成为徐老师的学生一定是一件幸福、快乐的事。晚上回家，老公说心脏不舒服。我带老公去看了急诊。医生说我老公没什么问题。我估计是老公太累了。八点多女儿打来电话，可是老公已经入睡，我就没叫醒他。嘱咐女儿没事多给她爸爸发信息，逗他开心。能有人帮我哄自己的老公开心，又不会抢走我的老公，何乐而不为呢！

最后一天，圆满结束！

从头到尾翻阅了自己的日记，回想这三个月的坚持，起起伏伏，磕磕绊绊，时到今日，一切平稳！我看到了自己情绪的起伏波动，看清了自己的心境逐渐明朗！感谢徐老师三个月的陪伴与支持，感激的话语尽在不言中，祝福徐老师！

徐少波回复

你感谢我的陪伴与支持，我也要感谢你的坚持与改变，让我看到了这三个月的价值，看到了心理咨询的价值。

九十天，挺长，也挺短。结束，也意味着新的开始。感谢！祝福！

李克富点评
足够好的母亲

天下没有不散的筵席，连载也到了说再见的时刻。今天借用客体关系理论的重要代表人物温尼科特提出的一个重要概念——足够好的母亲，和各位朋友做一个告别。

足够好的母亲是指，母亲在开始成为母亲的时候几乎完全适应婴儿的需要，但随着时间的推移，她需要适应的东西越来越少，并根据婴儿逐渐增长的能力来调整自己的适应。母亲在被需要的时候应及时出现，同样关键的是，在不被需要时应适时离开。这时，足够好的母亲会慢慢地减少"把世界带给孩子"的想法，逐渐减少代替婴儿的做法，逐渐减少婴儿的依赖感。孩子开始意识到欲望的满足不仅需要表达，更需要与他人妥协，因为他人也有自身的需要和计划。

温尼科特认为在婴儿成长的过程中，如果没有足够好的母亲，婴儿是不可能从快乐原则转向现实原则的。足够好的母亲，既不会忽略孩子，也不会过度地干涉孩子。这种足够好的母亲不同于完美主义或理想主义的母亲，后者剥夺了孩子的自由，使孩子没有机会去经历外部的挫折。孩子不需要理想型的母亲，他需要通过适应环境获得自己需要的东西，促进自己的发展。

是不是有些绕？多好算足够好呢？

我国精神分析的知名学者曾奇峰给这个模糊的概念想出了一个颇具中国特色的翻译：60分母亲。这样就好理解多了，就是"及格就行"。

好理解了，但不代表容易做到。因为这个概念的核心是：在孩子需要的时候，母亲及时出现；在孩子不需要时，母亲应适时离开。

然而，一些父母不管孩子需要不需要，都在那里，无休止地为孩子提供各种支持。在当今这个物质极大丰富的时代，这样的父母有很多。许又新教授把父母的这种行为称为"过分保护"，并指出这种行为将给孩子带来多方面的不利影响。我一条一条地罗列出来，大家也可以比照一下自己的孩子。

1.独立生活能力差，比如上中学了，生活还不能自理。

2.社会化不足，比如朋友少，见了生人说话害羞。

3.性心理不成熟，比如除了父母以外，对谁都爱不起来，在青春期阶段还黏着父亲或母亲。

4.以自我为中心，比如不理解、不体贴别人，不会从别人的角度考虑问题。

5.不负责任的行为，如逃学、打架等"胡作非为"。

6.两价性依赖，指的是既高度依赖父母，又对父母抱有强烈的不满情绪。

而一些父母不知道孩子需要什么。因为孩子在不停地成长，所以孩子的需要也一定是变化的。有的父母却往往以不变应万变。这背后反映的其实是一些父母以自我为中心，是"己所欲，施之于人"，是"固化"的而不是"流动"的思维方式。另外，很多父母除了不了解孩子生理上的需要和物质层面的需要之外，还不了解孩子心理层面的需要，比如被理解、被体谅。

动物学家曾用小猴子做实验。他们做了两个笼子，一个是用铁丝做的，里面有奶瓶；另一个则是用绒布包的，很柔软，里面还有一个毛绒猴子玩具，看小猴子在这两个笼子之间如何选择。通过观察发现，小猴子绝大部分时间都待在绒布笼子里搂着毛绒猴子，只有在饿的时候才去铁丝笼子里喝几口奶。

我们人应该比猴子还高级一点，对于温暖、对于情感的依赖绝不会比猴子少，所以千万别把那个叫"家"的地方弄成一个没有丝毫温暖的"铁丝笼子"。

日记中的女儿，逃离那个不仅毫无温暖而且充满压力的"房子"，是一种良好的自我保护。后来女儿回归家庭，也一定跟那个"房子"又重新变成"家"有必然的关系。